国际顶尖
设计学院
名师课

U0392949

从零开始的全流程设计指南

室内设计空间思维

Spatial Strategies
for Interior Design

化学工业出版社
·北京·

（英）伊恩·希金斯 （Ian Higgins） 著　　　周飞 译

北京市版权局著作权合同登记号：01-2019-0388

图书在版编目（CIP）数据

室内设计空间思维：从零开始的全流程设计指南／（英）伊恩·希金斯（Ian Higgins）著；周飞译. —北京：化学工业出版社，2021.3（2024.9重印）

书名原文：Spatial Strategies for Interior Design

ISBN 978-7-122-38284-9

I.①室… II.①伊… ②周… III.①室内装饰设计－指南 IV.①TU238.2

中国版本图书馆CIP数据核字（2020）第265172号

责任编辑：孙梅戈　吕梦瑶　　　　　　装帧设计：王晓宇
责任校对：王佳伟

出版发行：化学工业出版社（北京市东城区青年湖南街13号　邮政编码100011）
印　　装：中煤（北京）印务有限公司
787mm×1092mm　1/16　印张11½　字数330千字　2024年9月北京第1版第5次印刷

购书咨询：010-64518888　　　　　　售后服务：010-64518899
网　　址：http://www.cip.com.cn
凡购买本书，如有缺损质量问题，本社销售中心负责调换。

定　　价：79.80元　　　　　　　　　　　版权所有　违者必究

引言

对于什么是室内设计，存在许多不同观点。在本书中，室内设计被认为是一种专业的三维设计活动，与建筑相关但却有诸多不同。室内设计师通过改造现有建筑物来改善其性能，或重新设计建筑物的空间来满足新用途。室内设计的关键步骤是对已有围护结构的处理以及将新元素引入现有空间。室内空间是一个比其所在的建筑围护结构存在时间短的实体，这个空间设计有时仅持续几天，也可能持续几十年。作为当代的学科，室内设计所经历的时间并不长，与建筑和家具设计等相关学科相比，该学科的理论和实践上的资料尚不多。建筑师创造了建筑物，其中的空间被墙体所决定，接下来对空间的进一步设计，需要室内设计师在选择和布置家具之前为现有墙壁、天花板和地板添入色彩、图案和纹理，以使空间能够发挥其特定的功能。

什么是室内设计？

室内设计工作涵盖人们与其所处的建筑物之间有关的所有互动过程。因此，室内设计师必须考虑从空间规划到细节的一系列问题。用户接触材料的选择、门把手的人体工程学特性、设计合理的声学条件以及舒适的照明环境等均属于室内设计师工作的一部分。室内空间能满

左图

本项目是将一个19世纪的公共游泳池改造成一个人们可以在此讨论不同宗教信仰的场所。模型中，一个中心多信仰祈祷空间被安排在排水池区域，由360个垂直板以径向形式排列成圆柱形。当处于圆筒中心时，使用者只能完整地看到一个狭槽，他们可以选择任何方向。这个设计解决了建筑空间的冗余问题，满足了各种各样的人的需求，同时成功地创造了一种刺激的空间体验。

足功能需求是室内设计方案成功的标准。比如，需要为一个办公场所规划工作空间或为餐馆排列桌椅这样简单的需求。然而，实际上大多数的项目规划有着更高的要求。室内设计不只是一项二维活动，同时还是一项三维的挑战，其中包括：室内容积和形式；空间的比例和关系；空间的表达、定义和连接方式以及它们之间及与周围的流通动线。设计的过程中除了要考虑到以上这些元素，也要满足用户的需求并考虑到现有空间的限制。室内可以被视为建筑物与其使用者之间的联系，使空间能够用于特定目的。

现代主义和自由平面

我们今天所理解的室内设计学科可以追溯到现代主义时期，这个意义上的室内设计是与建筑结构分开来看的两个部分。1914年，当勒·柯布西耶提出大规模建设"多米诺住宅"时提出了一种新的结构模型，这种结构是由钢筋混凝土柱支撑起混凝土楼板，立柱向结构体外围后退。通过将建筑物结构与四周墙壁分开，创造了一种新的建筑样式，其中建筑物的围护结构可以像窗帘一样悬挂在建筑物上。这种新的结构模型能够允许室内空间进行新的规划，并能实现一种自由的平面。随着这种新的结构解决了防风雨的问题，勒·柯布西耶创造出一个拥有"未完工"的内部空间的建筑模型，这样的建筑可以满足用户对空间的精确需求。

建筑物的内部空间处于"未完工"的状态能够使空间更具灵活性和变化，并让设计师可以

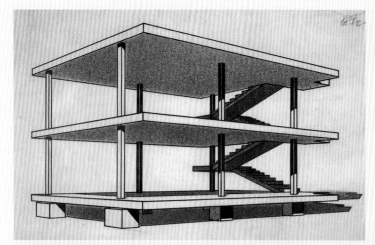

左图
勒·柯布西耶的"多米诺住宅"（1914年）结构方案是由立柱支撑起混凝土楼板，立柱向建筑外围后退，留下可以自由定义的空间以满足室内设计的功能需求。

下图
在密斯·凡·德·罗音乐厅项目（1942年）中，许多水平和垂直的平面悬挂在建筑主体之上，从而创造了一个空间组合。每一个平面都摆脱了结构上的责任，只需要界定出满足内部活动的空间。

将空间划分和使用者的需求相结合。在摆脱了客观存在的有关地形、结构工程和防风雨等问题之外，新一代的专业室内设计师可以专注于设计工作，即让建筑空间的居住体验更加舒适。

路德维希·密斯·凡·德·罗（后文简称密斯）在20世纪中叶的作品可以说是使室内设计作为一门既定学科崛起的第二个重要因素。受勒·柯布西耶思想的影响，密斯在20世纪30年代末将包豪斯的思想带到了美国。20世纪中叶的美国为包豪斯思想的发展提供了一个良好的环境，密斯在概念项目中探索了如何通过建筑物结构体之外的非结构性水平和垂直平面的组合来建

立灵活的室内空间。与柯布西耶一样，内部元素与建筑围护结构相关并位于其中，同时又保持着独立性。

1958年，密斯完成了其职业生涯中第一座办公楼的设计——位于纽约公园大道的西格拉姆大厦。他将此前项目中研究过的许多想法在这栋建筑中付诸实践。这对于作为室内设计师的密斯来说具有重要意义。这栋办公楼代表了那个时代典型的办公楼设计理念，整栋建筑的39个楼层空间均可供室内设计师根据居住者的精确要求进行布置，完全不同于之前对于建筑设计师的要求。

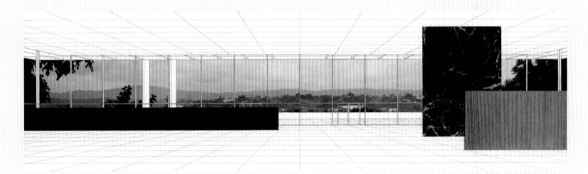

上图
密斯于1957年为古巴圣地亚哥的巴卡尔迪办公楼绘制的方案图，室内空间由一系列垂直的平面界定出来。

下图
位于美国纽约的西格拉姆大厦（1958年）平面图，左图显示了由密斯设计的建筑物的"未完工"外壳，右图为用户实际使用的示意图，即由塞尔多夫建筑事务所设计的梅赛德斯－奔驰北美公司的办事处。

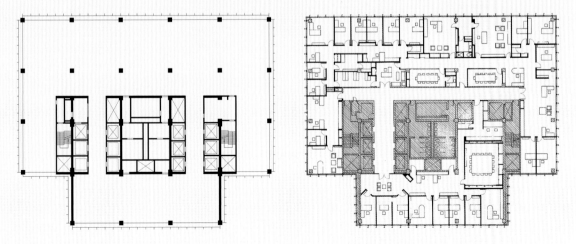

目录

第 1 章
出发点

引言

室内设计项目启动的方式有很多种，不同的方式中方案的规划配置也不同。大多数设计项目的重点包括：

- 现有场地；
- 客户；
- 建筑方案。

所有项目都一定有客户方。私人客户可能委托小型住宅项目，这样的项目通常是个性化的、符合客户期望的定制设计方案。还有一种项目，例如一个全球性公司的设计项目，就可能会遍布世界各个地区。无论是私人抑或全球性的公司项目，这两种客户都需要一个反映其独特精神的内部环境。对客户的全面了解是一个项目的基础，在这个基础上产生的设计内容必须可以体现出客户的价值观。

室内设计师的工作通常需要在特定的背景下进行——一般是现有建筑物的规模、形式、材料和构造类型等。在某些情况下，场地因素是影响设计规划的主要因素。

室内设计的目的在于为人们创造承担特定功能的空间："用途"或"建筑方案"将决定空间的形态，以及它们如何相互关联。对于许多项目来说，室内设计师可以采用经过反复试验的模式化做法；但在某些情况下，为了满足特定的用途也会诞生出一种室内空间规划的独创性方法。无论在何种情况下，室内设计师在规划室内组织时均需要考虑建筑方案。

根据不同项目，室内设计方案受到所有这些因素的影响也不同。本章将兼顾室内设计师可能采取的各种方法，以创建满足当前项目限制条件和机会的空间策略。

从现有场地出发

创建内部空间的场地通常会存在许多限制，这些限制是确定规划方法的主要因素。一些现有场地条件可以为方案的空间组织策略提供有价值的信息，包括：

- 场地历史；
- 现有细胞空间；
- 结构网格；
- 建筑物剖面形式。

下图
Group 8建筑实践工作组于2010年在瑞士日内瓦附近的一座旧工业建筑中创建了办事处。为了回应场地历史，其室内被设计为一个仓库，形成一个由集装箱组合成的空间。

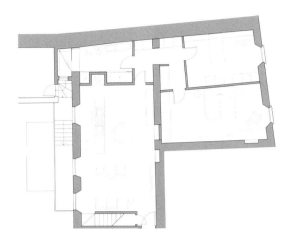

上图

2012年，Archiplan工作室在意大利的曼托瓦设计了这间小公寓。现有建筑由厚厚的承重砖墙构成，现存的细胞空间为新的空间组织方案提供了机会。

上图

位于英国伦敦伯蒙塞的白立方画廊于2011年由卡斯珀·穆勒·克奈尔建筑事务所利用一座20世纪70年代的仓库建筑物设计而成。其中创建了三个不同的画廊空间，配有礼堂、私人观赏室、书店和仓库。其现有的结构网格决定了空间的组织。

1	入口
2	书店
3	北画廊
4	礼堂
5	南画廊
6	观赏室
7	档案室
8	会议室

案例 现有场地

迹·建筑事务所办公空间，中国北京 / 迹·建筑事务所

2009年，迹·建筑事务所在位于北京北部的一家闲置航空工厂中创建了工作室。其工作室的最终方案根据现有场地的现状决定。

在空间上，现有建筑物由四个相同的方盒子空间构成，这些方盒子空间被规划成两个截然不同的部分。入口区域由两个方盒子组成，顶高4米，首尾相连，形成的"隧道"通向第二个区域——通过将两个方盒子堆叠放置以形成顶高接近8米的巨大立方体空间。

该方案通过在初始的线性空间内加入一个可容纳工作室辅助设施的新元素来适应这些空间条件。在该工作室的两层楼之间，设计了一个夹层，创造出低矮的天花板，并且占据了空间一半的宽度，更加突显了其类似隧道的空间特质。将辅助功能分配到该区域中，可以将较大的空间留作工作室的办公空间。在受限的行进通道和豁然开朗的目的地之间形成了戏剧性的对比。

室内方案也与现有场地的材料相呼应。主体建筑的装饰层被剥离掉，以展现出由混凝土、钢材和木材定义的原始工业美学——由白色石膏板、磨砂玻璃和PVC组成的新元素的干净线条与现有场地形成了鲜明对比。这样就形成了一种光滑的新物体位于一个强健且纹理粗犷的外壳之中的方案。

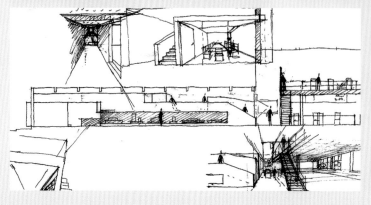

左上图和上图
安置于入口区域的建筑体本身包含了支撑结构。该新元素进一步限制了空间比例，强调了其隧道般的特质。

左图
在早期的草图中探索了将各功能组合在一个线性框架内的空间概念，该线性框架最终被安置在最初的狭长且低矮的空间之中。

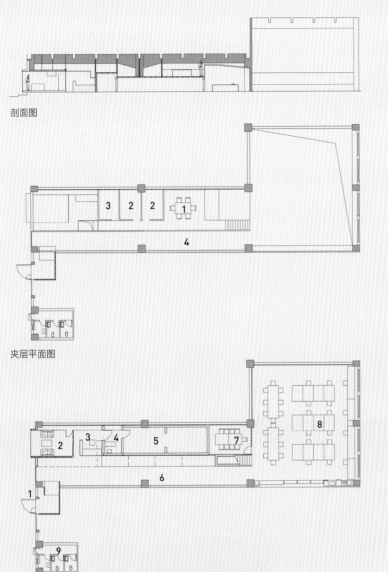

剖面图

夹层平面图

一层平面图

左图
平面图和剖面图显示了该方案是如何利用场地空间的。辅助设施被限制在低矮且狭长的空间内，以使办公区域可以占用更大的开放空间。

1 工作区
2 办公室
3 茶室
4 中空区

1 入口
2 休息室
3 接待处
4 办公室
5 存储室
6 走廊
7 会议室
8 工作区
9 浴室

左图
该方案在材料方面回应了现有场地：新元素是光滑而洁白的，与深色且富有纹理的原材料形成鲜明对比。

从客户出发

　　大多数室内设计工作都是通过创造空间以满足某些商业需求，而这些需求通常是由客户提出的。在某些情况下，客户可能只是希望在空间中创建一个适合特定用途的场地，例如药品制造商可能需要在其工厂中设置一个管理办公室。在这种情况下，就需要一个室内解决方案，该解决方案必须提供一个与现有建筑物相协调的工作空间。有时，客户需要一个室内方案来体现其身份、气质或爱好，在这种情况下，可基于客户身份来推动项目。

下图

作为一家美国的跨国公司，谷歌公司为其员工创造了非正式、有趣且轻松的工作空间，以鼓励创造性地工作。在英国，谷歌公司在伦敦东部新兴的"科技城"内开设了一个办公地点，旨在为初创期的公司提供灵活的工作空间。谷歌公司委托跑酷工作室设计室内（于2012年完成），尽管这是一个有意为之的"无品牌"空间，但该方案融合了谷歌公司开创的许多理念。建筑被剥离到只剩核心体，以建立一个原始感觉的室内环境，类似于车库或车间。新的元素是由廉价而实用的材料制成的，它与原有的建筑共同构成了这一空间，以反映在这里办公的公司的年轻个性。这样做的目的是使这个工作场所与老牌公司大不相同，从而体现出谷歌公司希望传达的价值观。

右图

美国跨国企业苹果公司生产的消费类电子产品和软件以技术创新和直观、用户友好的设计而闻名。其外观低调、优雅、简单，体现了苹果公司一贯的理念。

左下图和下图

自 2001 年第一家苹果专卖店开业以来，苹果公司拥有的连锁店已在 14 个国家发展到 400 多家。这些专卖店取得了令人难以置信的成功；就单位面积销售额而言，它们往往是所在地区最高的。专卖店的内部设计最初是由苹果首席执行官史蒂夫·乔布斯与 Eight Inc. 设计公司共同构思的，其内部设计体现了苹果产品的属性。简单明了的室内规划带来了直接的购物体验，并用有限的材料创造出优雅的细节设计，以创建一个看似简单的空间，突显出店内产品的重要性。此外，购物流程也被重新诠释：访客无需购买即可自由使用产品，并采用新的技术使每个店员都变成一个移动采购点。这种策略改变了传统的零售空间规划要求。

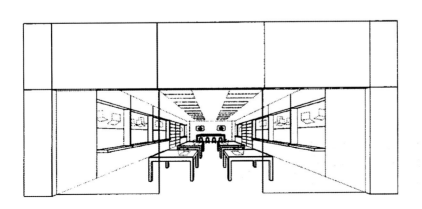

左图

2013 年，苹果公司为苹果专卖店的设计注册了商标。玻璃的店门、镶板立面、天花板上的隐藏式照明灯、带有悬臂式架子的嵌入式墙壁空间、长方形的木质桌子等均被认为是设计的元素，当它们以特定的方式排列时，就定义出一家苹果专卖店。左图显示了这一商标的标准。

案例 客户

DAKS 专卖店，英国伦敦 / 亚历克斯·涅夫多姆斯基斯（英国金斯顿大学）

这个2011年的学生项目为英国时尚品牌DAKS的一家男装旗舰店制定了设计方案。项目中的许多设计决策都是基于对客户的理解。

DAKS这个名字一直是英国传统、时髦和优雅的代名词。该品牌创立于1894年，如今已成为典型的英国豪华品牌，专门为男性和女性提供精致的剪裁和配饰。其于1976年推出的特有格子图案已成为该品牌的国际象征，并在公司的服装和配饰系列中占有重要地位。

这家店位于伦敦的皮卡迪利广场，在杰米恩街和萨维尔街之间。该建筑由英国建筑师埃德温·鲁琴斯于1922年设计而成，作为一家前银行办事处，其内部有许多传统元素，包括木镶板墙、拼花地板和华丽的天花板，这些元素有助于建立一个适合该品牌传承的男性化环境。旧的银行大厅呈现为一个两层高的立方体空间，顶部是由九个正方形组成的网格状天花板。这些场地条件便于增加一个新的夹层，夹层的方形网格形式参考了格子图案的结构。这些新元素的尺寸是根据场地量身定制的，新的夹层将建筑物的整个区域组织起来，以创建一个传统风格的底层空间（衬以深色木材），以及上方的现代感十足的夹层。空间的鲜明对比展现出该公司的历史及其作为当代时尚品牌的自我重塑。

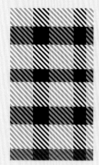

最左图
DAKS成立于1894年，是20世纪英国主要的时装品牌。

中图
DAKS的格子图案于1976年推出，是该品牌的重要象征，并在其服装和配饰系列中占据重要位置。

左图
近年来，DAKS设计了一系列富有该品牌传统精神的现代服装。

左图
该设计方案包含一个新的"量身定制"楼层，以在传统的底层空间上方创建一个现代夹层。新元素的形式呼应了场地的几何形状（如华丽的天花板）和DAKS的格子图案。

从建筑方案出发

　　大多数室内设计项目的空间组织是由建筑物功能或建筑方案决定的。设计方案必须为有关活动提供所需的空间，并确保这些空间以适当的方式加以安排，以便用于某些特定用途。虽然对方案来说满足场地环境和表达客户的要求很重要，但最终室内必须为使用者服务。相同的功能需求通常可以通过多种方式来满足，这将产生截然不同的平面图，从而为用户提供完全不同的体验。室内设计师的工作是引导访客使用该空间，以为其提供适当的体验。

　　这里以餐厅作为一种简单的示例，可以根据不同情况采用多种不同的方式来布置。影响餐厅规划的因素有很多：高档餐厅一般会为每个用餐者提供更大的空间；根据不同场合灵活布置桌椅；使用多种系统来点餐和上菜，包括服务员服务、自助服务和辅助服务。每种服务策略都需要不同的规划安排，这取决于具体建筑方案的性质。最重要的是，餐厅是一个复杂的环境，必须将顾客放松的休闲环境与员工忙碌的工作场所无缝地结合起来。一个餐厅要想成功，其内部必须满足这两个群体的需求。

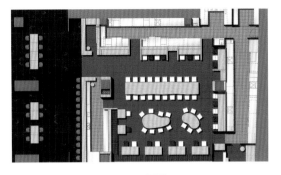

上图

一风堂是一家位于澳大利亚悉尼的日式面馆，2012年由高田孝一建筑事务所设计完成。其内部空间的平面根据建筑方案确定：员工区（厨房、接待区和酒吧）以U字形排列，环绕着场地，并在中间留有方形用餐区。用餐空间的规划根据各种不同的座位安排确定，这些安排可为客户提供多种体验——宴会座位、公共餐厅餐桌以及放置在公用多边形桌子周围的非正式座椅组合都被整合在方案之中。

下图

2009年，安德烈斯·雷米建筑事务所完成了阿根廷布宜诺斯艾利斯的外卖餐厅"速食"的设计。其建筑方案与餐厅名称相呼应，并根据建筑方案制定了规划，便于顾客在遵循一系列程序后取餐和离开。顾客从店铺的右手边进入，围着设置在空间中央的一个服务台转来转去——这就像一个他们必须经过的小岛，在那里他们可以订购咖啡和食物并付款。接下来，在顾客领取食物并通过另一扇玻璃门离开之前，设立了一个可以停留并整理食物的等候区。第三扇门（不透明）提供了通向后厨的独立员工通道。

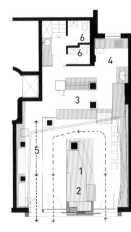

1　收银台
2　咖啡机
3　柜台
4　厨房
5　等候区
6　厕所

左图

2012年，Integrate Field公司在泰国曼谷设计了一家名为"Coca Grill"（可乐烤架）的餐厅，专门提供亚洲街头小吃。作为对这一建筑方案的回应，设计师开发了一个用餐模块，利用了摊贩手推车的元素，然后将这些模块布置在室内。空间的规划便根据这些模块的布置而确定。

左图和下图

这家餐厅兼书店位于西班牙圣地亚哥的一个博物馆和文化中心内。其内部由Estudio Nômada于2010年完成，集合了许多大型的家具元素，每一个元素都兼具空间划分的功能。一个长长的服务台同时充当酒吧和店铺柜台，一个圆柱形体块创建了一个办公空间，两张长餐桌被放置在抽象的树状结构下，影射了该地区节庆时的户外民众聚会。它们都不是固定的，旨在避免餐厅元素干扰到建筑物的围护结构。

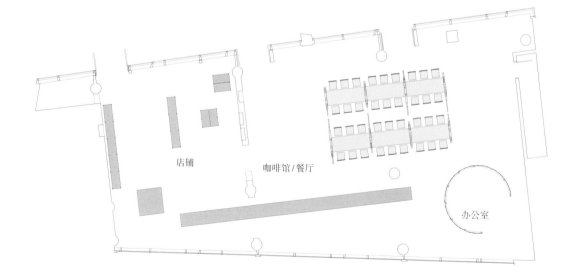

店铺　　　咖啡馆/餐厅　　　办公室

案例 建筑方案

寿司梗餐厅，美国纽约 /form-ula 设计

寿司梗坐落在纽约的一个商业办公开发区，是一家小型外卖餐厅，于2012年开业，提供定做寿司的服务。该店铺的创新点餐模式对其室内规划产生影响：客户使用触摸屏和一款应用程序即可下单。这样就形成了一种布局，其中大约一半的空间分配给了厨房，其余空间由客户订购区和服务区组成。由于采用了订购系统，柜台的功能只是付款和拿取食物，使服务更有效率。

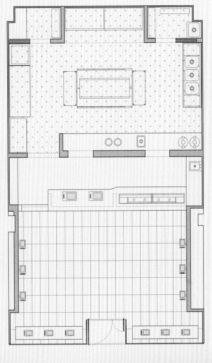

上图
餐厅设计中引入的数字化订购系统决定了顾客区域的空间规划方式：空间组织的目标非常明确，并且需要最大限度地增加该区域内的终端数量。

下图
店铺的设计非常清晰，且全玻璃店面让行人也能一览无遗地看到店内场景。

左图
简单、清晰的平面被划分为三个不同的相邻空间：厨房、服务区和顾客区。新的数字订购系统意味着柜台服务变得更加高效，因为其功能被简化为付款和拿取食物。

第 2 章
先例调研

引言

室内设计工作很少是孤立进行的，偶尔可能需要设计师对整个建筑方案或一系列前所未有的情况做出回应，设计师通常可以从过去的经验中学习。先例是指在出现可比较的情况时，使用先前的案例来得到类似的设计决策。年轻的设计师常常痴迷于创意，他们认为创造出新颖且无先例的方案至关重要。事实上，这是一种不切实际且无济于事的方法，建筑物已经设计了数千年，室内设计师应了解这些案例，这是开展工作的背景。许多室内设计项目只是简单地在建筑物既定的主题范围内运作，其他设计项目将有助于建筑的演变和发展，只有少数项目可能最终会彻底改变和重新定义建筑学科实施的方式。

从建筑物的行进顺序到细部语言、材料选择、家具规格，先例可以用来了解和佐证设计过程的任何方面。当思考某一设计方案的空间组织时，先例研究可能会帮助设计师建立适当的策略，以将新元素引入到给定的场地或是制定它们之间的流通路线。

随着当代设计实践的进一步深入，对室内设计、建筑和相关学科历史的了解也更加广泛而深入，这些都会使室内设计师受益，帮助他们做出明智的决策，使项目更加完善。本章将着眼于如何利用先例研究来指导设计方案的发展，尤其是室内空间的组织。

以史为鉴

设计师们总是参考过去的作品，但也许重要的是要意识到"参考"或"引用"过去的作品与盲目模仿其他设计师的作品之间的区别。室内设计的历史与建筑的历史紧密相连，通常可以通过将多个项目联系起来以追溯特定方案的历史根源，这些项目共同创建了一个探索特定主题或想法的"家谱"。在这种情况下，"每一代"的项目可能都会通过吸取前人的想法，或是将此前的经验向不同层面推进以增加价值，并在此后继续为其他人所效仿。

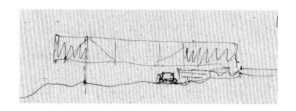

上图
密斯的"山坡上的玻璃屋"（约1934年）探索了房子作为飘浮在斜坡上的直线体块的想法。

下图和底图
密斯的提案为理查德·罗杰斯于1968年设计的Zip-up住宅提供了参考，其形式被发展成一个饰有釉面的实心管。

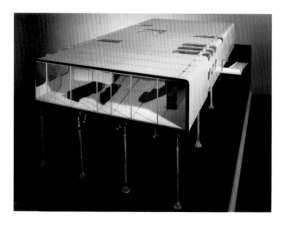

上图
此后，Zip-up 住宅的概念构成了理查德·罗杰斯于 1969 年在英国伦敦西南为其父母建造的罗杰斯故居的基础。这栋具有开创性的房子反过来又影响了许多随后的建筑物。

右图
如果不参考伦敦罗杰斯故居的先例，就很难想象福斯特建筑事务所于 1978 年在英国诺里奇建造的塞恩斯伯里视觉艺术中心（此处以剖面图显示）。

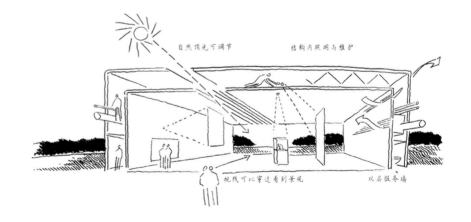

场地先例

一个项目场地通常会有其特别的地方，这对室内设计师来说是一个挑战。它可能涉及建筑物的类型（如教堂）、结构类型（如木结构）、建筑物的形式（如圆形建筑物）或其当时的状况（可能涉及建筑物的保护、修复或翻新方法等）。

最左图
这个位于英国伦敦西南部的工厂洗衣房被用作学生实践项目的选址，场地的现有条件促使学生们思考如何将废弃的机器整合到方案之中。有许多先例可以为这方面的工作提供参考。

左图
1997年，福斯特建筑事务所在德国埃森市完成了一个项目，该项目将一座20世纪初的煤矿开采综合性厂房改造成了设计中心。该项目的大部分内容与现有建筑物的维护和修复有关，并且保留了该建筑物的许多工业元素，以与新引入的内部元素形成对比。该方案探索出一种大胆的方法来改造具有工业遗产性质的现有建筑物。

下图
位于英国罗瑟勒姆的一家旧钢铁厂被改造成了科学探险中心"麦格纳"。该项目由威尔金森·艾尔建筑事务所于2001年完成。这个方案为在废弃工业空间中创造新环境提供了一种新方法；大型新展馆仿佛"飘浮"在一个保留了原貌的现有场地中。

空间设计先例

室内空间可以使用许多不同的方法来组织，包括线性、径向、集群和网格的方式。许多设计师已在许多场合使用这些策略来解决组织需求。了解过去使用过的方法有助于当今的设计决策，并能让室内设计师信心十足地推进方案。

除了空间的布局和组织方法外，定义和区分空间的方法也非常重要。从前人的案例中我们可以学到很多对于给定项目来说最适宜的策略。

下图

20 世纪 20 年代初，荷兰设计师特奥·凡·杜斯堡是风格派运动的创始成员之一，该运动的成员率先提出了用相交平面的组合来定义空间的概念。这种建立空间的方法对室内设计的发展产生了重要的影响。

下图

1993 年，斯特凡·兹威基在德国法兰克福国际家用及商用纺织品展览会上为地毯制造商梅尔克瑙设计了一个展台装置。该装置是一个重叠的垂直平面的组合，灵感即来源于特奥·凡·杜斯堡的作品。

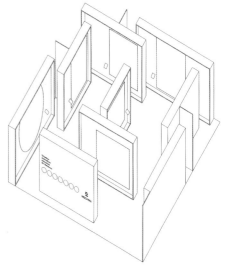

左图

位于荷兰代尔夫特的康比沃克公司于 2012 年由荷兰设计公司 i29 建成，以垂直平面和大胆的色彩组成，这种方法也起源于特奥·凡·杜斯堡的作品。

案例　空间先例：空间内的空间

玻璃屋，美国新迦南 / 菲利普·约翰逊

菲利普·约翰逊（后文简称约翰逊）的玻璃屋是20世纪的开创性建筑，于1949年竣工，这栋建筑被视为该时期最重要的建筑之一。

约翰逊被认为是将欧洲现代主义引入美国的功臣。他将这栋建筑描述为"一个思想净化所，以后可以通过我自己的作品或他人的作品加以沉淀"，因此可以将其视为一种可供未来设计师探索的先例。玻璃屋之后，约翰逊意识到许多早期的关注点已经开始影响大多数设计师的作品。

右图

圆柱形空间中包括壁炉、马桶、面盆和淋浴间。它像一个物体一样被放置在平面图上，其放置的位置经过了精心的安排，以确定它与开放式空间之间形成的区域。

下图

通过这一方法，建筑物可以被理解为一个透明的矩形盒子，里面装有一个实心圆柱体。

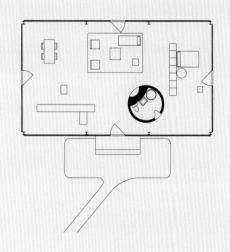

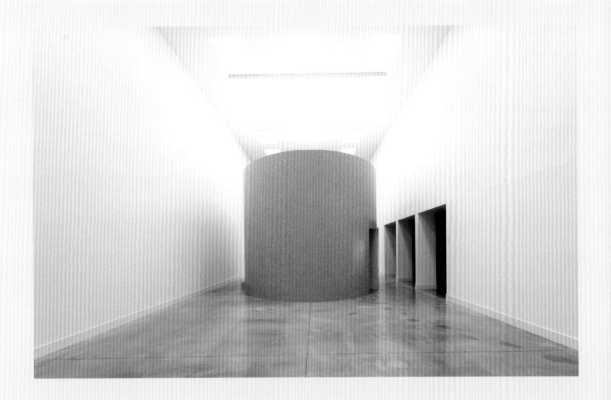

这些关注点包括：

• 建筑物的基础平面做架高处理；

• 通过架高的平面来定义建筑体块；

• 透明的围护结构模糊了内外之间的界限；

• 室内采用开放的组织形式。

这座建筑物开创的最伟大先例是创造了"空间内的空间"这一概念。这种策略在玻璃屋中有很好的效果，因为整个建筑项目由两个体块构成，创造了一个异常清晰的空间组合。通过形式和材料方面的表现方式进一步强调了这一点——一个透明的玻璃盒子内装有一个实心砖制圆柱体。许多室内设计师已经开始在之后的设计案例中使用这种方法。

上图

2012年，约翰·帕森在意大利维琴察的碧莎基金会举办了名为"平凡空间"的展览。

下图

位于中国天津的一座办公楼的会议室被直向建筑设计事务所于2012年设计成"空间内的空间"，采取了曲线的造型。

流通路线先例

当开发一个建筑物的规划和空间组织时，所采用的流通策略是特别重要的。这可能涉及流通路线与其服务空间的关系，或流通路线的定义和连接方式。对优秀设计师和建筑师过去如何解决类似问题的了解，将为如何应对手头的项目开发提供宝贵的经验。

下图
20世纪60年代初，卡洛·斯卡帕（后文简称斯卡帕）受命翻修奎里尼·斯坦帕利亚基金会的一楼，基金会设在16世纪的威尼斯宫殿中，该建筑曾多次被水淹没。斯卡帕在主展览空间中插入了一个新的架高地板，它可以被看作一个可以控制未来的洪水的"托盘"。该方案将新元素引入到现有建筑之中，使其"独立"且"独特"，并通过引导访客在不接触现有空间的情况下游览行进。许多设计师在现有建筑中创建新的流通路线时，都以这种方法作为先例。

下图
2012年，在威尼斯双年展的德国馆举办了一场名为"减少/再利用/回收"的展览，该展览由康斯坦丁·格里奇设计。该方案通过使用伸展台（涨潮时用来为行人提供干燥人行道的临时结构）将空间连接在一起，从而回应场地位置和展览主题。在室内环境中使用的从当地市政暂借的伸展台参考了此前斯卡帕的作品。

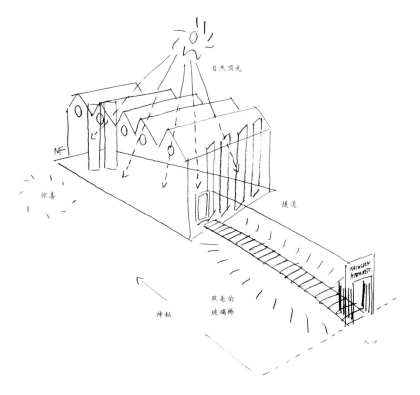

福斯特建筑事务所于 1987 年为英国伦敦的凯瑟琳·汉耐特商店设计的方案中,必须解决如何通过一条狭窄的隧道吸引顾客的问题,该隧道将顾客从街上引至一家商店,该商店占据了毗邻建筑物后方的旧工业空间。这个解决方案通过引入新元素——一个从下方照亮的玻璃桥,创造了引人注目的通道。柔和的拱形人行道蜿蜒而上,将顾客带入零售空间。新桥与现有建筑的关联方式参考了斯卡帕的作品。

在 1992 年英国自然历史博物馆的恐龙画廊的设计方案中,想象力公司在现有的双层高的空间中引入了一座新的桥梁,使访客可以观看两侧陈列的大型展品。新的钢结构与现有建筑的装饰元素形成鲜明对比。斯卡帕的早期示例揭示了新旧结构之间的关系,以及流通控制的方式。

案例 流通先例：控制流通路线

宜家和 Tiger 商店

宜家的目标是为人们提供设计精良、功能齐全且价格实惠的家居产品。自1953年宜家在瑞典的阿尔穆特开设第一家家具展厅以来，这家企业已成长为在40多个国家拥有门店的标志性品牌。在过去的60多年里，这些门店已经演变成大多数人熟悉的环境：通常是一个由三个零售区（展厅、市场和自助式仓库）以及一个餐厅组成的城外超级商店。顾客抵达宜家后会被引导去餐厅或展厅逛逛，展厅里陈列着产品，家具被按照不同场景分类摆放。离开展厅后，顾客们可以去餐厅或者推着购物车去市场，顾客可以在那里选择多种多样的家居类产品。最后，顾客进入仓库。宜家在结账区附近存放了大量物品。门店内的人流动线是经过精心规划的，这样的规划鼓励单向流动，使顾客可以观看到门店所提供的一切。尽管捷径确实存在，也有可能逆流而上，但大多数人发现自己其实是紧随一群人之后。这种简单的规划理念创造了一个非比寻常的零售环境，并取得了巨大的成功。

另一家来自斯堪的纳维亚的公司 Tiger 商店，致力于在有趣的环境中为客户提供价格低廉而又时尚的产品。这家丹麦零售商的经营规模要比宜家小得多，并且门店通常位于城市购物中心。Tiger 商店的流通和规划策略受到宜家模式的启发：展示布置和流通路线结合在一起，让顾客从入口到出口进行单向旅行，在途中观看门店的所有产品。

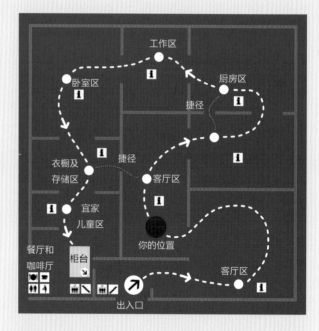

上图

旨在向顾客解释宜家门店布局的示意图说明了购物者如何按照规定的线性路线通过"展厅"部分，并通过按房间和产品类别展示的一系列区域。

下图

尽管规模小得多，但 Tiger 商店采用与宜家相同的策略：通过控制流通路线来创建单向路线，以确保顾客在付款和离开之前能看到所有产品。

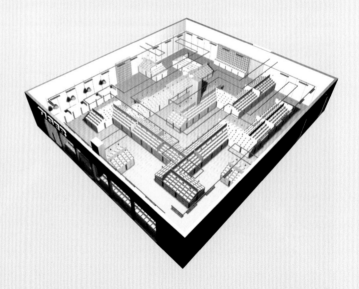

以其他学科为鉴

当然，对于设计师来说，从室内设计和建筑学科的示例中汲取经验是很常见的，但也有很多例子表明，从其他学科转移过来的想法可以为特定的方法提供依据。这些可能来自与其密切相关的领域，如家具设计、产品设计或平面设计，或者也可以采用其他领域的思维，如科学或自然等学科。

设计师们通常会参考艺术领域，引用绘画或雕塑作为他们设计决策的参考。

左图和上图

1951年，作为诺尔规划部的负责人，弗洛伦斯·诺尔设计了该家具公司位于麦迪逊大道的纽约展厅。她着手创建一个由重叠空间组成的非正式空间组合，而特奥·凡·杜斯堡1929年的绘画的影响在其设计中很明显。艺术家使用原色的直线形状来探索空间的定义。风格派运动的开创性作品影响了许多现代主义建筑师和设计师。

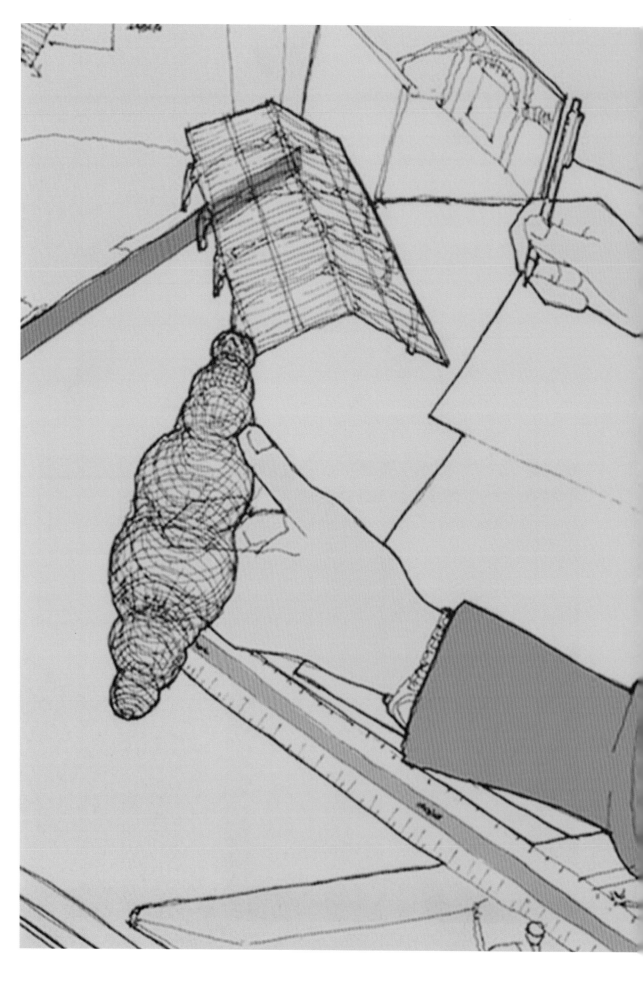

第 3 章

设计概念

引言

首先，室内设计的目的是让空间具备其应有的功能。一个专业的室内设计师最终应当为用户创造出实用的空间。但更重要的是，室内设计师不仅要满足空间的功能需求，更要使这个空间美观大方，满足人们的情感需求，吸引、取悦用户，以有趣、有意义的方式与现有建筑空间相呼应，讲述故事，重塑功能需求，并最终改变人们使用室内或开展活动的方式。

良好的室内设计不仅可以提供简单实用的空间解决方案，室内设计项目通常还会受到"概念"这样的创意驱动。本章将介绍室内设计项目中不同类型的概念以及概念性想法的生成方式。

什么是概念?

对于一名室内设计师来说，可以将概念定义为抽象的或笼统的想法，这些想法可以指导设计师在设计过程中做出决策，从而使设计更具凝聚力。一个概念可能与整个项目有关，并且可以指导决策的方方面面，从规划到细节再到材料规格；或应用于设计过程的每个特定部分，例如"规划概念""照明概念"或"颜色概念"。

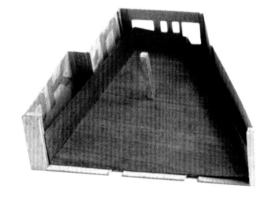

本页图

位于英国伦敦萨维尔街的奥客尼旗舰店由6a建筑事务所于2001年建成。该项目的概念是将一个倾斜的橡木托盘插入混凝土外壳，留下一系列可以隐藏更衣室和楼梯的周边空间。用于界定购物区域的扇形托盘作为一个独立元素，从现有建筑结构中分离出来。

类比、概念和发现

概念的产生对于某些人来说是自然而然的，这些人具有创造性思维的天赋。不过，大多数设计师都会为项目创建有趣且适当的概念——这其实是一种思考方式，设计师可以开发适当的思考方式以帮助他们对自己的创造能力更加自信。

艺术家兼建筑师保罗·拉索（后文简称拉索）认为，好的概念存在于"发现"的过程之中。他认为："对于设计师来说，发现过程包括两个部分：发掘和概念形成。发掘指的是一种基本的发现，即项目的原始想法；而概念形成将基本发现转化为图形和口头的陈述，可以为项目的全面发展提供基本指导。"

拉索指出，根据家具设计师戴维·派伊的说法，"只有在'发现人'能够辨别出其所设想的特定结果与所看到并存储在其记忆中的某些其他实际结果之间的相似性时，才可以有意识地'发现'"，并且"发现人"的发现能力取决于观察类比的能力。也就是说，为了培养产生概念的必要技能，设计师需要能够在具有共同特征的两个不同事物之间进行比较。识别项目给定条件并分析这些组成是否可以在建筑物中体现，这个过程对于产生有用且创新的概念性想法来说至关重要。项目的给定条件包括场地、预计用途、客户、预算和室内空间的预计使用寿命。所有这些事宜中的任何一个都可以成为形成项目概念的丰富思想来源。为了使某一概念性的想法有用，它必须是一种有助于做出推进和强化项目决策的工具。支撑该项目的概念应有助于而不是阻碍这个项目的方案。

本页图

本学生项目提出在一座前工业建筑中设立雕塑家的工作室和住宅。这个概念来自这样一个想法，即可以在抽屉柜和定义室内空间的方式之间进行类比。因此，一堵厚厚的中央墙被引入，将工作室与住宅分开。早期的探索性模型向我们展示了设计师是如何将这面墙设计成一个巨大的家具，并从里面抽出像抽屉一样的空间的。

上图

丹·布伦建筑事务所于2007年就美国旧金山一家石材公司的展厅提供了两个概念性想法。第一个是对现有建筑进行处理，使新元素与这个建筑外表产生关系（建筑物的木结构经过喷砂处理，以提供一个原始空间，在其中插入新的元素）；第二个是一种大胆的规划方法，其中涉及一个单一的元素，它贯穿整个建筑并组织起室内的活动。

右图

该概念详解图将建筑物比作一个空盒子，并由一条贯通两端的新墙切成两半。所有的细胞空间都组合在一起，形成墙后的私人空间，并使其余的开放空间成为公共展厅。该方案使用现有的桁架作为参考点来定位内部元素。

概念的起点

概念的产生多种多样，但是较为聪明的想法，通常是基于手头的项目发展概念。当开始一个项目的工作时，室内设计师可以对其组成部分进行评估，以确定可能的概念创意方向。相关的内容因不同项目而异，但通常可以从以下几点出发：

- 客户；
- 项目用途；
- 现场；
- 设计方法。

方案的概念生成方法通常有多个层次，我们可以从项目的不同方面汲取灵感。

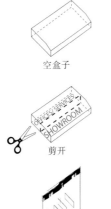

空盒子

剪开

插入物

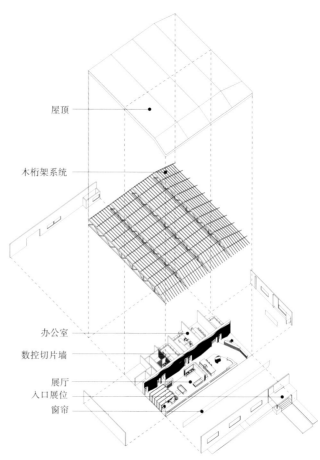

屋顶

木桁架系统

办公室

数控切片墙

展厅

入口展位

窗帘

基于客户的概念

项目的客户可以通过多种方式成为方案概念的起点。商业项目可能会从以下来源获得启发，其中包括：

- 客户业务的性质；
- 客户的产品或服务；
- 客户的企业身份。

住宅项目通常取决于客户的背景、客户的兴趣或其对房屋的特定功能要求。

下图和右下图
2010 年，德克·威尔斯建筑事务所为 KLF 建筑系统公司（位于美国密苏里州斯普林菲尔德市郊区零售中心的铝窗供应商）完成了该办公室。该项目的概念源自客户业务的性质以及公司使用模具制作挤压件的方式。办公空间被设想为一个从购物中心的实体块中挤压出来的体量，它创造出一个空间的轮廓，其形状像一个玻璃挤压件的剖面。

右图
赛德建筑设计有限公司于 2010 年在美国芝加哥的一栋传统的三层郊区住宅中完成了该住宅改造计划。客户曾旅居东南亚，并希望将东方生活方式的特征移植到其现有房屋中，它因此成为该项目概念的依据。设计师决定将两种不同的建筑语言彼此分开，这就是为什么要在一楼引入一个流线型的独立木质围挡结构。该图说明了现有建筑物与新元素之间的概念关系。

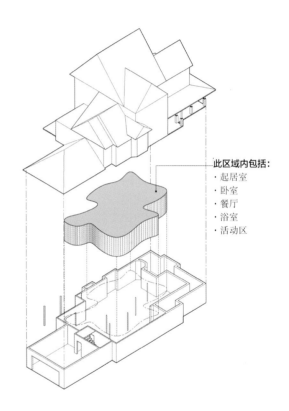

此区域内包括：
· 起居室
· 卧室
· 餐厅
· 浴室
· 活动区

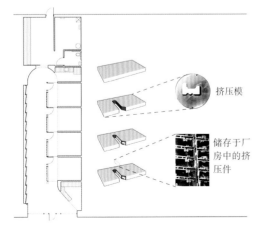

挤压模

储存于厂房中的挤压件

这个学生项目以单词"listen"（听）和给定的场地为题目。下图解释了项目的概念想法是如何形成的。

1 调查：项目场地是一个火车站，调查该建筑物如何提供概念起点。

2 分析：通过对火车站周围环境噪声的记录和分析，确定通过公共广播系统发布公告的"乒乓"音是该区域的典型声音。

3 发明：使用可将声音转换为视觉形式的计算机软件来分析录音。

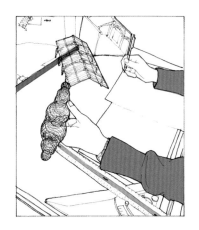

4 发展：将声音的二维形式发展成三维形式，其大小与现有建筑结构相对应。

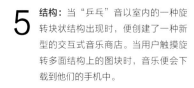

5 结构：当"乒乓"音以室内的一种旋转块状结构出现时，便创建了一种新型的交互式音乐商店。当用户触摸旋转多面结构上的图块时，音乐便会下载到他们的手机中。

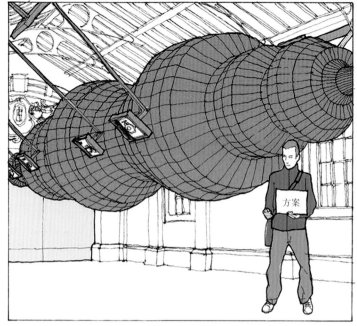

基于项目用途的概念

建筑物的用途可以为开发室内设计方案的概念性想法提供丰富的材料资源。这通常会导致"叙事性"响应，其中建筑物使用活动的某些特定方面可以为项目提供想法。具有叙事性的内部空间讲述了一个可以让使用者理解和欣赏的故事，建筑的每个部分都可以作为隐喻，以增强体验感（请参阅第 35 页的案例）。

在一些情况下，某个方案的交付方式会被完全改写，设计师为解决当前的问题开发了一个全新的系统。这种类比式的再创造可以采取一个大而概括的想法的形式，先形成一个概念，继而寻找一种对室内方案进行规划和空间组织的新方法。宜家门店就是一个例子，在那里，人们习惯的零售空间的概念被一个新的组织系统所取代。简单来说，这个组织系统将主要活动分为三个区域：展厅、市场和自助式仓库（见第 22 页）。然后，顾客以线性路线在空间中穿行，从而鼓励他们体验门店所提供的一切。

本页图

对于 2008 年奥地利林茨的方案，x 建筑事务所采用了一种叙事性方法，这种叙事性方法源于牙科手术。设计师用牙科标志性的牙齿图与建筑平面进行类比，其中上下牙齿之间的空间成为流通区域，牙齿轮廓成为隔断墙，而编号的矩形代表治疗室。

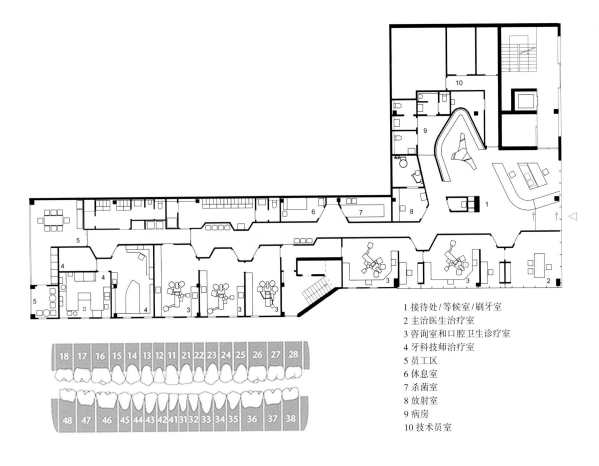

1 接待处 / 等候室 / 刷牙室
2 主治医生治疗室
3 咨询室和口腔卫生诊疗室
4 牙科技师治疗室
5 员工区
6 休息室
7 杀菌室
8 放射室
9 病房
10 技术员室

基于场地的概念

现有建筑物的现状往往会成为推动项目进展的概念创意的来源。与场地相关的概念可能会解决以下问题：

- 建筑物的历史；
- 场地位置；
- 现有建筑物的建筑风格；
- 建筑物的质量；
- 建筑材料。

采用大胆的空间策略，例如"空间内的空间"策略（请参阅第40页）可以成为方案的概念驱动力。这可以看作是基于设计方法的概念，通常取决于所涉及的场地以及如何回应它，以取得成功。

上图
在本学生项目中，这个20世纪30年代的公共汽车车库的历史被用作概念的出发点。对建筑物过去未公开的图纸的分析显示了公共汽车进入、停放和离开车库时的轨迹。这些弧线被用作广告公司的室内空间方案概念的起点。

右图
本项目于2008年完成，是在一个废弃的盐厂中为一家广告公司设计办事处。由哈尼亚·斯坦布克为智利圣地亚哥的Pullpo广告公司提出的这一项目概念，是基于在现有场地中引入新事物的方法。这使得该场所的废弃现状得以保留和利用，为新元素提供了鲜明的对比。这些新元素类似于一种装置，每一个装置都是一个"空间内的空间"。

案例 设计概念 1

Cargo 办公空间，瑞士日内瓦附近 /Group 8

2010 年，瑞士建筑公司 Group 8 创建了 Cargo 作为自己的工作室。该方案得益于一个大胆而多元化的概念。

首先，方案概念与场地有关。该项目位于一栋废弃的工业建筑之中，因此这个项目将空间构想为可容纳大型货物的仓库。

其次，设计师决定将运输用的集装箱作为实现这一构想的元素。集装箱的使用为项目增添了概念性的叙事：彩色的大型金属盒与建筑物的工业历史呼应，也与放置它们的空间形成了一种临时关系。任何时候，一个集装箱可能会被发送到世界各地，而另一个集装箱可能会被运来替换它。

最后，作为上述步骤的结果，该项目得益于对现有建筑物强有力的概念化处理。最终的效果达到了设计公司自己的预期，而在这个案例中，安装方式非常可靠（请参见第 108 页）。以这种简单的方式翻新主建筑，集装箱被放置在空间里的效果十分出众。它们共同创造了一个令人兴奋的室内空间，在这里，多彩的集装箱与干净的白色建筑和谐共存。

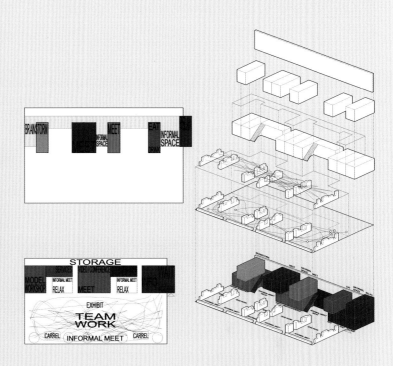

上图
空间规划的概念图确定了以下想法，即集装箱被堆到仓库一侧"存储"，而将一层的其余空间留作工作室。需要分隔或封闭的活动被适当地分配到单个的、成对的或三个集装箱的单元之中。

上图
轴测图展示了堆放在仓库中的集装箱。在夹层上，将集装箱向前拉，后面用作流通空间。这解决了实际的规划问题，同时传达了这是一个"仓库"的概念，集装箱会被不断搬进搬出。随机"发现"的集装箱的颜色促进了这一想法。

右图
现有的建筑围护结构以一种简单且低调的方式进行了翻新，以创建功能为主的空间。通过建立一个干净的白色空间，表达这里作为工业建筑的本质，并为彩色集装箱和即将在这里进行的创造性工作创造适当的背景。

基于设计语言的概念

　　创造某种三维语言通常是开发室内设计方案的主要推动力。如果现有场地与新的内部元素之间存在强烈反差，则可以产生特别效果。这种方法的乐趣在于，它允许设计师探索基本的三维手法，例如使用模块化系统或运用平面（或线条）的组合来定义空间。这种设计方法可以研究"临时性"及其在更永久的建筑围护结构中存在的情况。譬如如何引入新元素，它们的寿命是多久，它们会在其他地方被重复使用吗？

下图

这个临时店铺由///byn建筑事务所设计，作为一个可以在世界各地安装的可移动室内环境。2011年中国上海月球快闪店的设计中采用了一种三角形的模块化系统，然后使用该系统创造了一种基于三维网络的设计语言。

右图

2009年，h20建筑事务所在法国巴黎对一间儿童卧室进行了改造，该方案采用了一种新的设计方法，新的室内元素是一件为其所在房间量身定制的家具。所有的功能需求都集成在新对象中，然后置入现有空间里。

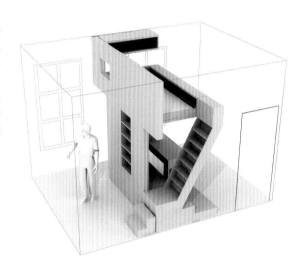

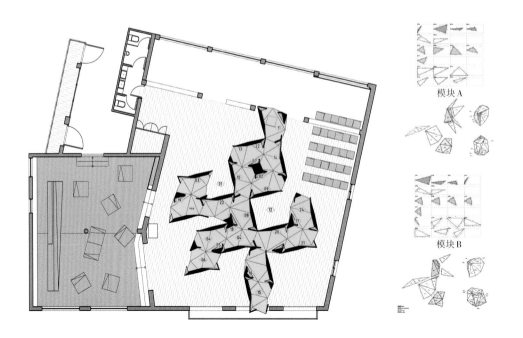

模块A

模块B

案例　设计概念 2

密西西比布鲁斯餐厅，美国旧金山 / 斯坦利·塞托维兹（纳托玛建筑事务所）

密西西比布鲁斯餐厅是一个于 2008 年提出的未建成的方案，是在旧金山菲尔莫尔区开设一家音乐主题餐厅，主打爵士和布鲁斯音乐。方案的规划灵感来自餐厅位置和所供应的食物类型。主要设计元素是蜿蜒穿过主用餐空间的河流般的形状。餐厅中布置了五张独立的公用桌子，桌子上方是由数百根悬挂的铜棒组成的天花板，这些铜棒按照桌子的平面图形成了一片连续的蛇形窗帘。在概念中，桌子代表密西西比河，而悬挂的铜棒指的是爵士和布鲁斯音乐中使用的乐器。与其概念起源一样，铜管可以作为声音的装置来发挥声学作用。

上图
餐厅的名称"密西西比布鲁斯"（指的是所供应食物的类型）被作为设计的灵感来源。对密西西比的研究引发了对同名河流的调查，其蜿蜒穿过山水时的形态成为产生该项目概念的关键。

上图
功能性的辅助空间被布置在平面图的两个封闭的区域内，以释放酒吧和用餐区的空间。概念性想法由中央的公共餐桌传达出来，以河流的形式蜿蜒到外侧人行道上，模糊了室内外的边界。

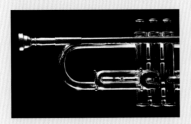

上图
为响应餐厅名称及其位于历史悠久的菲尔莫尔爵士乐保护区的位置，餐厅的设计元素来源于小号、萨克斯管和长号等铜管乐器的外形和材质。

右图
内部空间的方案很好地传达了设计概念，数百根代表乐器的黄铜棒悬挂在公共餐桌上方，组成一条蜿蜒穿过空间的河流。室内保持较低的照明水平以增强气氛，并确保人们的注意力集中在灯火通明的"河流"上。

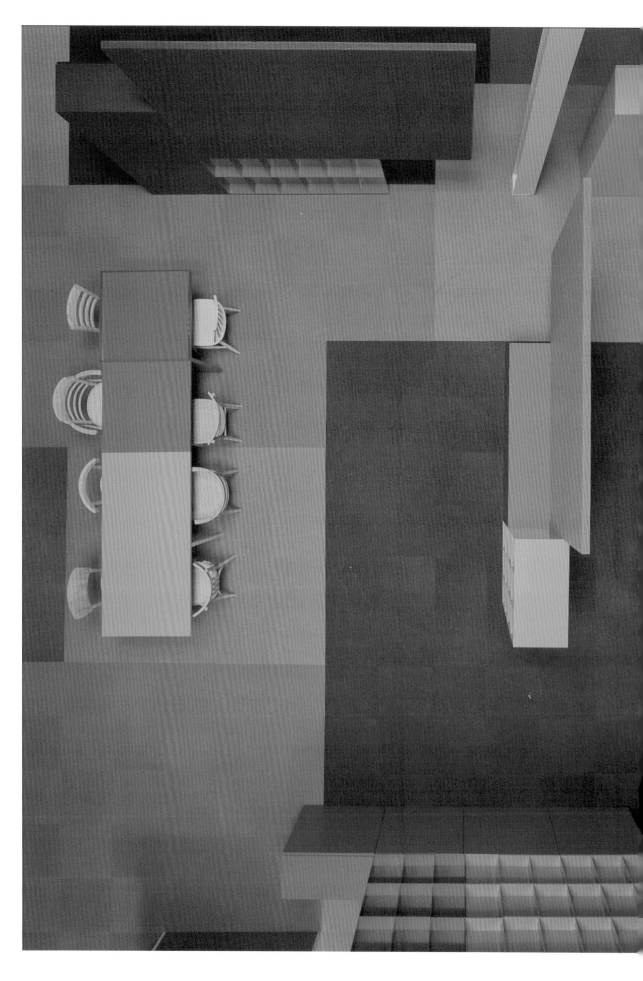

第 4 章
规划策略

引言

在少数情况下，一个建筑物的功能需求可以由一个单独空间来满足，但大多数建筑方案要将不同的空间结合起来，才能建造出满足用户需求的建筑物。一般根据需求要规划的内容包括：这些空间应如何相互关联？这种关联应如何组织，才能使这些空间满足其需求？制定一个建筑物的空间规划需要考虑以下三个问题，这些问题最终被归纳在一起，以图纸形式表达出来。

首先要考虑的问题是：空间与空间是相邻还是分离？这是空间关联方面的问题。其次是确定如何组织空间，才能使建筑发挥应有的功能。组织这些室内空间位置的方式被称为空间策略。最后需要考虑的是空间与空间如何相互连接，以及人们可能选择或被动通过的路径。这涉及流通策略方面的问题。本章将研究如何解决这些问题，以创建有效的空间策略，从而使内部空间能够按需规划。

空间关联

当需要两个或更多数量的空间来满足建筑物的功能时，这些空间会相互关联。两个空间的相互关联有四种方式：

- 空间内的空间；
- 重叠空间；
- 相邻空间；
- 由公共空间连接的空间。

当较小的空间位于较大的空间内，就会成为空间内的空间。较小空间就像是放置在画廊之中的雕塑。

当明确需要两个以上的空间以确保每个空间都具有自己的标识又能够有组织地重叠时，就建立了重叠空间。在一个空间结束而另一个空间开始的地方，有可能没有明显界限。重叠的空间被视为属于其中一个空间，或者被视为它们之间的共享空间。

相邻是两个空间具有的最常见且最直接的关联方式。它们彼此相邻但保持独立，人们可以在每个单独的空间中活动。

为了创建由公共空间连接的空间关系，两个或多个空间通过一个附加的中间空间相互连接，而该中间空间被它所服务的所有空间共享。

这些简单明了的原则对室内设计师而言至关重要，如何改造、开发、组合和利用这些原则是创造有趣而刺激的室内空间，以及满足建筑物具体功能需求的关键。

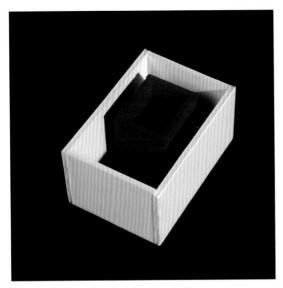

空间内的空间

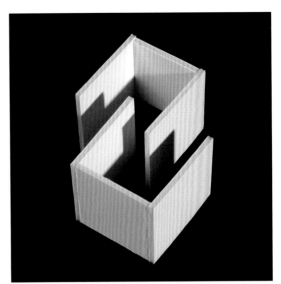

重叠空间

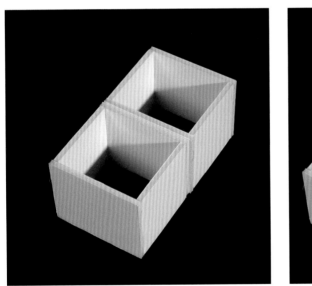

相邻空间

由公共空间连接的空间

空间内的空间

　　"空间内的空间"的概念可以在现有建筑物中创建非常生动的构图。为了使这样的设计成功，两个空间的需求必须存在明显差异。主空间必须比其内含空间大得多，以便较小空间可以作为较大空间中的对象被理解。例如，服装店中的私密试衣间可以作为独立对象放置在较大工作场所内。菲利普·约翰逊的玻璃屋可能是这个设计形式中最著名的例子之一：在玻璃屋中，一个包含浴室的圆柱体被放置在开放的矩形平面内（请参阅第18页和第19页）。

　　使用这种策略时，室内设计师可以选择其他元素来增加这种方法的影响。可以选择使用相似的形式语言、颜色和材料在主空间和其中的空间之间建立简单的关系。然而，如果要使主空间与其中的较小空间有一种对话关系，在两个元素之间建立对比也是可行的，例如在较大空间中使用对比的形式、颜色、纹理和材料。单个主空间内也可以存在多个空间。这些较小的空间都可以进行相同或者相似的处理，从而成为一组相关的空间。它们甚至可以是单独的元素，每个元素彼此之间的距离以及它们所处的位置均不同。室内设计的乐趣之一就是可以在现有的建筑环境中工作：无论结构是旧的还是新的，现有建筑物都可以提供独特的机会来与其内部的新空间形成对比。

左下图

2001年，库西及戈里斯建筑事务所在比利时根特的一个中世纪大厅里创建了一个推广佛兰德斯农产品的中心。这是一间现代钢材和玻璃盒子构成的咖啡馆，坐落在石头和木结构的现存建筑之中，清晰地表达了方案中的新旧元素。

下图

沃平项目是一家位于英国伦敦的画廊和餐馆，它占据了一栋1890年作为水力发电站的建筑，该建筑于20世纪70年代关闭。作为在2000年由Shed 54公司完成的重新设计和改建的一部分，原有的建筑状况得以保留；为了满足新用途的需要，在其中加入了新的元素。在这里，一个容纳临时艺术装置的大篷车变成了空间内的空间。

左图

这个创新区是荷兰一个教育和技术中心，位于鹿特丹Dry Dock公司的旧址。巨大的现有空间已被翻新，2012年格罗斯曼公司在这个空间中建造了一个包含办公室和会议空间的新楼层。这个由直线勾勒出的对象被视为空间内的空间。

左图

在这个项目中，计划在加利福尼亚州的圣莫尼卡为Reactor电影公司创建一个工作空间，布鲁克斯和斯卡帕建筑事务所将一个集装箱改造成了一个会议室。尽管按照建筑师的说法，体现概念的元素"已经被解构，以揭示表面和空隙中丰富的几何纹理"，但它本质上是一个现存的空间，被放置在一个更大的空间中，创造了一个空间内的空间的实例。

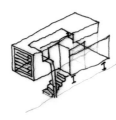

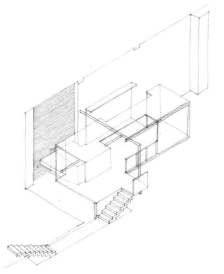

重叠空间

很多时候，室内空间需要一种更灵活的界定方式，这样就形成了空间的重叠和交叉。每个空间或多或少都可以占主导地位，并且空间可以由多个区域共享。地板、墙壁和天花板的形状与位置可以根据需要设计成为单独的和组合的。例如，三个空间可以形成重叠关系，其中一个空间由基础平面（地板）定义，另一个空间由垂直平面（墙壁）定义，而第三个空间由高架平面（天花板）定义。

19世纪末期，弗兰克·劳埃德·赖特开始探索空间重叠的概念，他的想法反映在1889年为家人在伊利诺伊州的奥克帕克建造的房屋之中。在20世纪20年代的一系列研究和建筑物中，密斯开发了一种使内部空间不再是独立实体，而是相互渗透的方法。他提出的"砖砌乡间别墅"（1923年）的方案中引入了一系列独立的砖墙，这些砖墙被布置成相互重叠且相互连接的空间。图根哈特别墅（1928~1930年）和巴塞罗那馆（1929年）首次以建筑形式表现重叠空间，并彻底改变了内部空间的规划和使用方式。

下图

加拿大RUF公司在南非的索韦托设计了耐克足球训练中心，该方案于2010年完工。其内部空间采用饰面和材料分层的方式以创建重叠的空间，这些空间显得动感且轻松随意。

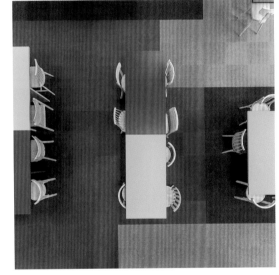

本页图

代尔夫特的康比沃克于2012
年建成，是一家社会保障性
质的公司，旨在帮助有身体
或精神障碍的人重新就业。
荷兰设计公司 i29 为这里设
计了一个灰色外围，然后在
其内部使用了几种大胆的颜

色，每种颜色标识出一个空
间区域。这些区域重叠并交
错，从而软化了同一空间内
发生的不同活动之间的边界。
通过精心选择饱和度相同的
几种不同颜色，凸显出这里
的重叠空间策略。

相邻空间

　　相邻空间是最常见的空间关系。尽管创建一系列流畅、相互联系和重叠的空间的想法很吸引人，但在许多情况下，有必要创建一个由物理分区隔开的空间集合，以允许每个空间都具有自己的特性并满足活动需求。相邻空间可彼此完全分离（在平面图上相邻，但用户无法从一个空间转移到另一个空间），或者它们可能具有非常开放的关系——两个相邻空间可以通过地板上画的线分割成不同空间，就像足球场的两半一样。

　　无论是完全的物理划分还是开放性的空间定义划分，都可以建立相邻的空间，这些方法给室内设计师提供了无数的可能性。实际上，室内设计师工作的一个关键方面就是考虑如何避免用非黑即白，或者不是完全开放就是完全封闭的方式来定义相邻空间。中间的过渡区间让设计师有更多的方式将空间彼此区分开。

下图

塞恩斯伯里展览室是英国国家美术馆的延伸，可以通过新的地下入口大厅的大楼梯或升降机（电梯），也可以通过现有建筑的廊桥进入。新的二楼画廊由16个独立房间组成，这些房间分成三排。房间之间有一种相邻的关系。文丘里与斯科特·布朗建筑事务所认为，这种传统的空间布局是对新画廊将容纳的世界级早期文艺复兴时期艺术收藏的一种恰当回应。

右图

该建筑于1991年开放，设有画廊空间，这些画廊空间是划分明确的房间，以相邻的关系存在。从中央画廊可以看到四个相邻空间，每个空间都被定义为一个单独的房间，允许人们在私密环境中观看小型绘画，而围绕中心轴布置的拱形门洞则确保人们可以从适当的距离观看大型作品。

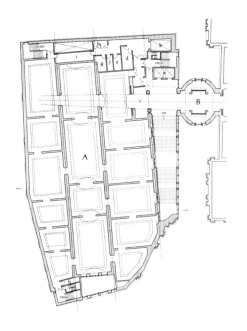

由公共空间连接的空间

可以布置由一个额外的公共空间连接的彼此分离的多个空间。这种空间关系可以使几个单独的空间在与公共空间连接的同时保留各自的独立性。公共空间充当从一个空间到另一个空间的过渡区域，使用户可以自主选择进入哪个空间，以及以什么顺序进入这些空间。这种空间规划的典型示例包括：多个放映厅的电影院，其中多个独立银幕由大型前厅相连；博物馆，围绕在公共空间周围布置一系列展览空间；学校建筑，多个教室围绕着一个公共开放区。

根据所开展的活动，被连接的空间可以大于或小于共享的公共空间，它们可以大小相同或大小不同，并且可以以正式或非正式的方式组织起来。这些策略将取决于现有场地提供的条件以及建筑计划的目的。

左图
福斯特建筑事务所于 2000 年完成的大英博物馆大庭院项目，将一个被忽视的外部空间转变为一个宏伟的充满光线的室内空间，成为博物馆的"枢纽"。

下图
一个新的玻璃钢屋顶结构创造了一个内部庭院，该内部庭院创造了一个公共空间，将老大英图书馆的中央圆柱形阅览室与博物馆的入口和庭院四周的展览空间连接起来。

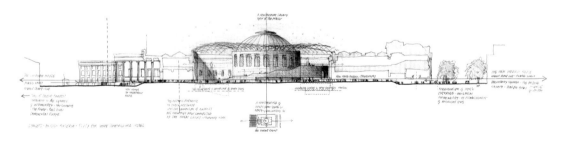

右图
在重建之前，庭院被用作临时存储区，并不向公众开放。后来围绕庭院布置了许多展厅，它们变成了一系列相邻的空间，呈直线排列，且多年来一直很混乱。展厅和圆柱形阅览室之间未充分利用的空间为重塑博物馆提供了机会。

最右图
一个过去被忽视的冗余空间，现在变成了一个气势宏伟、充满阳光的空间，一年四季都受到游客们的欢迎。新的公共空间容纳了许多游客设施，包括信息咨询台、临时展厅以及商店、咖啡馆和餐馆。中庭还为游客提供了一个清晰的地标，可帮助他们理解其他连接在一起的展厅空间。

空间布局规划策略

在规划建筑物内部空间时，空间关联的基本方式是必须思考的第一个问题；设计师要考虑的第二个问题是需要采用何种空间布局的策略。室内设计师可以利用五种不同的策略来组织空间：

- 线性策略；
- 网格策略；
- 径向策略；
- 集中策略；
- 集群策略。

线性策略是在一条直线上布置一系列空间。这些空间可能是相同的，也可能是不同的。

当采用网格策略时，所有的空间围绕一个网格形式的线网来组织（通常放在 x、y 轴上），可以用于二维（平面图）策略或三维（立体图）策略。在三维空间排列中包括 x、y 和 z 轴。这种方法通常会涉及许多大小相同的直线空间的布置，所有单独空间的大小都与组织网格的大小有关（例如，可以合并两个或三个单元为一个空间）。

当许多空间从原点向外拉伸时，就是一种径向策略。径向空间可以与原点空间形成对称或不对称的关系，并且它们既可以相同也可以不同。

当单个空间占据配置的中心并且有许多其他空间围绕它时，就是所谓的集中策略。其周围的空间可以全部相同或者完全不同。

集群策略指的是许多相同或不同的空间可以以一种非正式的方式组合。在此，单个空间的大小和形状可能会有所不同，它们可以通过空间重叠的不对称配置进行组织。

事实上，大多数室内设计问题都过于复杂，一种空间策略常常无法满足设计的需求，成功的规划方案可能需要采用上述所有策略。

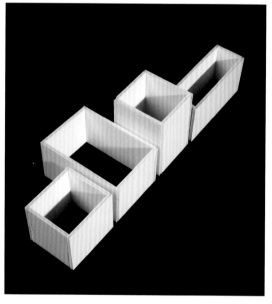

线性策略

网格策略

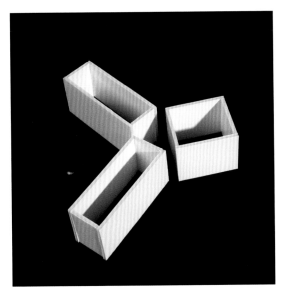

径向策略

集中策略

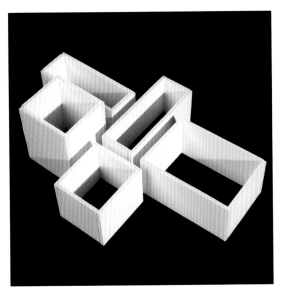

集群策略

一个室内方案的空间策略可能采用所有这些方法

STEP BY STEP 手绘分析图

分析图是设计过程中的重要组成部分，让室内设计师能够探索空间问题并快速确定解决方案。设计师们将分析图作为一种更简单的术语来传达复杂思想。分析图不仅是方案设计开发的组成部分，而且还是与同事和客户交流建议时的重要工具。分析图应该简单明确，使方案更容易被理解。在项目早期阶段，如果有许多解决方案时，通常会使用分析图来讨论不同的想法。对于尚未解决的问题，使用手绘分析图传达想法是更有用的办法。

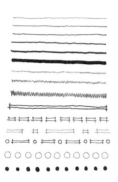

1 **线条：** 不同形式的线条是分析图的基础。使用不同粗细的笔可以实现多种线宽，这有助于更清晰地表达分析图。一系列线条类型，如轮廓线、短划线、链条线和虚线，在传达差异时也很有用。

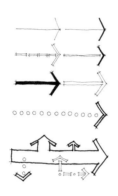

2 **箭头：** 可以使用多种箭头类型在分析图中表达不同类型的连接。箭头的宽度可能与联系的重要性有关，箭头的大小可提供有关主要路线和次要路线上人流的信息。

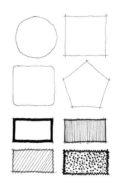

3 **形状：** 简单的形状可以使分析图更清楚地传达信息。可以利用不同的形状为不同的空间"编码"，或者可以以各种大小相同的形状来传达层次结构。线宽可以进一步强调特定的形状，而阴影线有助于识别差异。

ABCDEFGHIJK

ABCDEFGHIJK

ABCDEFGHIJK

ABCDEFGHIJK

ABCDEFGHIJK

4 **文字：** 大多数分析图都需要包含文字以帮助理解。如果设计师的笔迹清晰肯定，扫描后的图甚至可以被数字设备识别。

5 **拷贝图：** 通过拷贝图可以快速且可靠地生成分析图，还可以从计算机上打印各种有用的元素图，例如形状、线条、箭头和文本，然后用于拷贝。印刷在色彩鲜艳的卡片上的拷贝底图是设计师的常用工具。

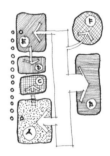

6 **最终图：** 成功的分析图通常会包含不同形式的线条、箭头、形状、阴影以及文字。

线性策略

　　线性排列可以说是空间布局最直接的方法。这个方法适用于需要清晰、简单和易于导航的情况，还可能与经济有关——线性策略可以在资源有限时提供有效的解决方案（可能涉及空间、预算或两者兼有）。通常采用线性策略的室内类型包括单元式办公环境、购物中心、教育大楼、酒店居住区，甚至是运输工具内部，例如火车车厢和客运飞机。

　　尽管线性关系体现的是位于一条直线上的多个空间，但也有特别的情况。例如，可以将多个空间以圆形的线性顺序放置。室内空间到底采用何种形式的策略主要受到所处建筑的限制。

下图

澳大利亚墨尔本皇冠大都市酒店由贝茨·斯玛特建筑事务所于2010年完成，设有658间客房，分布在18层楼内。在每个楼层，起居空间都根据线性策略进行组织。一条中央走廊贯穿整个建筑，连通客房和建筑的垂直动线，同时将位于两边的卧室分开。蜿蜒曲折的平面缓解了无聊的走廊，这表明简单的线性布局也可以拥有一个动态的解决方案。

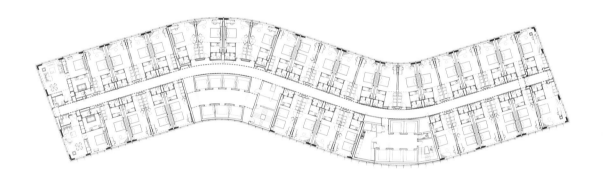

左图

由于飞机的形状，客机的内部不可避免地会使用线性策略。2012年，维珍大西洋航空公司的内部设计团队与彭格丽设计公司合作，将座位设计成带有一定角度的排列方式，以最大限度地提高密度，同时优化舒适度。

网格策略

　　建筑师经常采用网格策略来设计办公建筑，这是一种有效利用主体结构的方式。与线性策略一样，网格策略非常高效，从而可以相对轻松地创建功能空间。

　　在当今世界中，网格被认为不够人性化。实际上，网格组织通常是在适当的秩序和控制感的情况下实施的，经常是在非常严肃正式的工作场所，例如呼叫中心、工厂或监狱。在图书馆或超市，网格策略可以为室内用户提供导航和访问所需的大量材料。以网格布局作为坐标，使用户能够快速、轻松地到达精确位置。

　　网格策略也可以用来与现有建筑物的纹理相抗衡。可以使用建筑物现有网格的尺寸来衍生用于定义新内部空间的网格尺寸，然后以相反的方向放置此新网格，以便在现有建筑物和新的室内空间之间建立对话。在现有空间中引入一个完全异形的网格，在其中排列新的室内元素，再次提供了一个探索空间对比潜力的机会。

上图
在雅克·塔蒂1967年的电影《玩乐时间》中，主人公休洛特先生遭遇了一系列不人道的现代主义场景，包括员工被隔离在千篇一律的隔间之中的工作场所。

右图
在捷克兹林的文化中心项目中，埃娃·伊日奇娜建筑事务所利用简单的网格来组织菱形礼堂空间中的固定座位。该项目于2011年竣工。

左图
在2011年由日建空间设计完成的日本东京大田机场的全日空航空公司（ANA）休息厅，天花板网格被用来组织下方的座位区。

径向策略

有许多建筑方案无法利用径向策略，但有些情况下，径向策略是唯一可能有效的解决方案。

一个径向规划解决方案可以有两个以上的"辐射条"，使其从最初的公共空间开始依次向外排列。每个分支空间可以完全相同，并且配备完全相同的设施（例如在机场，从登机区的候机室辐射出一系列登机口），或者每个分支空间的大小、形式和功能均不同（例如在学校中，图书馆、食堂、体育设施和教室位于不同的方向）。

初始公共空间可以充当"枢纽"，为从中心辐射出的各个辐射条的活动提供关键支持。例如在旅馆中，客房可位于辐射条之中，而接待处则位于中心空间。

了解这种规划类型的制约因素和可能带来的机会是有意义的，今后，当设计师面对一处按径向策略组织的场地时，将知道如何利用这种情形。

下图
罗恩·赫伦 1987 年的草图展示了为多学科创意公司"想象力"设计的工作室方案。该平面图围绕一个中央公共"枢纽"空间展开，不同的团队空间从中辐射出来。该草图/平面图生动地阐述了规划的想法。

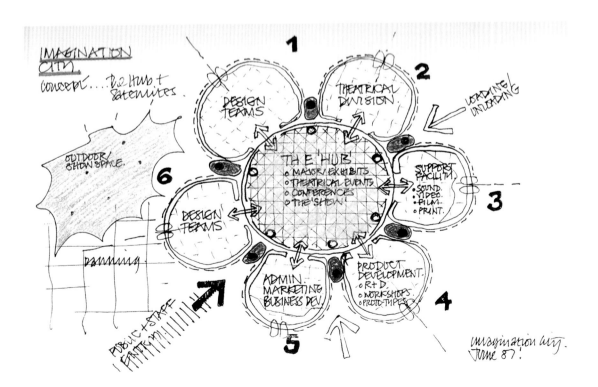

集中策略

　　尽管径向策略与集中策略有一些相似之处，但两者之间却存在着根本差异。径向策略是外向的解决方案，其中建筑物从原点的中心向多个方向外延；而集中策略是内向的安排，是围绕中心空间组织的较小空间的集合，其中心空间是主导空间。

　　集中策略的中心空间通常采用几何形状，例如正方形、圆形或八边形。虽然围绕主要中心空间的次要空间可以采用不同的形式，但是为了让用户能够以清晰的顺序理解空间内的活动，较大的中心空间通常被许多相同的次要空间包围，这些次要空间的形式可以相互呼应或形成对比。

　　集中策略最常与文艺复兴时期的意大利教堂联系在一起，如今被应用于需要为多样化活动服务的大型公共空间。例如购物中心的美食广场：公共用餐区是中心空间，中心空间被次要空间所包围，而次要空间安排了各种不同的食品专营店，且每个店都位于相同的从属空间之中。

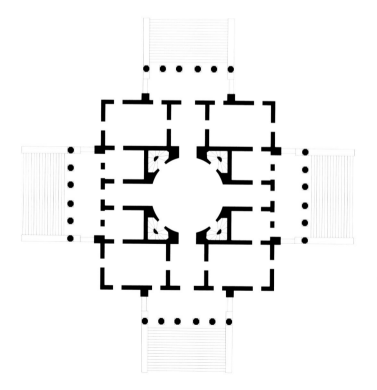

左图

由安德里亚·帕拉第奥设计的圆厅别墅于1570年在意大利维琴察附近完工。英国金斯顿大学奥利弗·林－沃森的研究表明，圆形空间位于方形建筑平面图的中心位置。

集群策略

需要表达非正式感觉时，集群策略是一种解决方式。无论安排的空间相同还是不同，这种方法都可以取得成功。当需要相同的空间时，集群策略可以软化这种重复模式带来的严肃感，而不同大小和形状的空间可以被安排成轻松的关系，因为这种策略在布局方面没有严格的几何规则需要遵守。当处理不同空间关系（例如重叠或相邻空间）时，集群策略也可以很好地发挥作用。集群策略的非正式性可以通过加法或减法来对其加以修改，因为它本质上是一个既非完成又非未完成的"开放"的系统。

在规划休闲和接待空间（如餐厅、酒吧）的空间布置时，室内设计师通常会采用集群策略来创建一个轻松的环境。在某些零售环境中（例如百货大楼）可以通过这种方法将顾客吸引到不同的区域。博物馆和展厅设计师采用集群策略来引导访客观看展示。由于集群策略鼓励人与人之间的互动，因此常作为一些创造性的工作场所的空间策略。

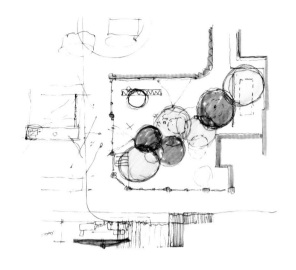

上图
由皮尔森·劳埃德设计工作室（2007 年）设计的位于英国伦敦的"钢壳工作间"展示厅，以一系列不同大小的圆形空间构成的平面为特色，这些空间相互叠加形成一个集群式的平面。

下图
"好奇"是一家日本设计公司，其于 2007 年为城市美洛酒店设计了这个方案。该方案的特点是中庭空间由悬浮的立方体空间定义，这些立方体空间以集群形式排列。

流通路线规划策略

在室内设计方面，流通是指用户在建筑物内部空间移动的方式。由于大多数建筑物由多个单独空间组成，因此流通策略与用户体验空间的顺序有关。流通策略将决定何时用户必须进入某个空间，何时给予用户选择进入某个空间的权力，或者说何时禁止用户进入某些空间而必须进入其他空间。

在某些室内环境中，用户会采用相同的路线（例如，从开始到结束都具有指定路径的展览），在这种情况下，流通可能更加复杂（展览参观者可能遵循同样的流通路线，而工作人员使用不同的流通路线）。在大多数建筑中，用户通过既定路线来回应空间对他们的限制，每个访客可以以不同的方式在建筑物周围走动。无论建筑物的流通策略多么复杂，有一件事始终是简单的：当人们在建筑物中流通时，他们选择了一条线性路线，这条路线将引导使用者穿越时间和空间。正是这一原则支撑了流通策略的形成，使人们能够根据需要在建筑物中穿行。线性路线的组织形式分为：

- 径向流通；
- 螺旋流通；
- 网格流通；
- 网络流通。

径向流通策略

螺旋流通策略

所有的流通都是一种线性活动

当多个路线收敛于一点时，将建立径向流通策略。螺旋流通策略从中间开始（或结束），然后围绕原点向外旋转。如果将路线设置为相互交叉的平行线集合，则形成网格流通策略。当室内平面上非常具体的点被一些路线连接起来时，这时就需要采用网络流通策略。

重要的是，室内空间和流通策略是不同的，这两个部分的并置决定了建筑物发挥功能的工作方式。例如，室内空间可能有一个通过网格流通策略访问的集中式组织。

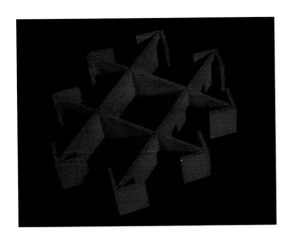

网格流通策略

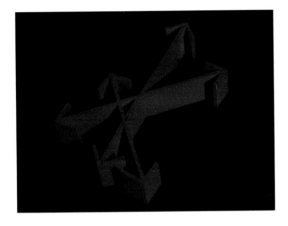

网络流通策略

室内设计师主要关注建筑物内部的流通，但外部也是要考虑到的因素。建筑物入口的位置通常是合适的、确定的或无法移动的，因此它是决定空间规划方式的主要因素。在有些情况下，建筑物入口可以重新定位，以改善室内平面图入口、建筑物进场或两者之间的关系。无论后续决策的背景如何，建筑物的流通策略都有三个不同阶段，对此室内设计师均应予以考虑：

- 路线；
- 进场；
- 入口。

路线

对于室内设计师而言，路线是人们在建筑物内或周围所走的线路。内部空间可以控制人们的流通方式，例如设计一条规定路线的走廊；也可以相当开放，允许用户以希望的任何方式浏览空间。不同的功能需求将需要不同的流通解决方案。但无论如何，穿过建筑物的所有路线在本质上都是线性的，并且包含了穿越时间和空间的行程。一些室内项目要求提高效率以及创建尽可能快地连接空间（可能是在工作场所中）的路线；而在其他情况下，可能会迫使用户沿着更长的路线穿过内部空间（例如在沿途有展品信息的展览中）。

当在现有建筑物中工作时，室内设计师的目标可能是通过建筑物的大型开放空间建立有限的流通或在当前限制移动的一系列细胞空间之间创造更大的流通自由。

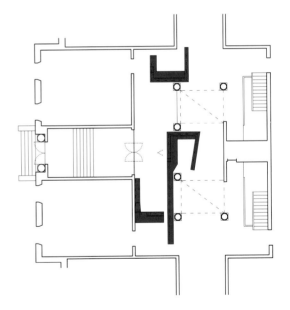

上图

2009 年，赖德尔罗将原先的妇产医院改造为西班牙巴塞罗那的加泰罗尼亚健康服务中心，其中引入了三种家具元素来重新配置办事处入口的流通路线。前两个物体形成了一个屏障，将公共区域与门厅的安全一侧隔开，并为接待处和安保人员提供了桌子。访客必须在两张办公桌之间来回走动，那里的安全旋转闸门限制进出。在安全线之外，第三个元素是为等候区提供座位。这些元素一起限制了物理访问，但使整个空间保持可见。

进场

用户首次接触建筑物是在进场过程中。进入场地的活动可能涉及一系列事件，例如，用户在开车经过时首先看到建筑物，然后在停好汽车的情况下步行接近建筑物，建筑物是与街道相关的具有相似立面并沿着人行道走向的众多建筑物之一。显然，这个过程与建筑物的入口有直接关系：它可以在建筑物的入口处终止或继续通过入口成为室内的流通路线。

建筑师设计建筑物及进场的行为过程时，通常着眼于现有的场地环境。室内设计师需要了解现有建筑进场中涉及的问题，以便能够根据需要做出合适的规划。例如，设计师可能正在设计一座建筑入口以应对施工时的场地条件，但由于所处环境的后续变化，进场顺序和入口不再合适。另一方面，新的室内需求可能需要建立一种新的入场方式，来使建筑物成功运作。因此，了解以下接近建筑物的方式非常重要：

- 正面进场；
- 倾斜进场；
- 螺旋进场。

上图

倾斜进场： 于1993年完工的位于美国纽约的"临街屋艺术中心"店面由艺术家维托·阿肯锡和建筑师史蒂文·霍尔设计。该画廊位于曼哈顿下城一个狭长的楔形空间内，沿着人行道延伸，小路与建筑物围护结构平行。立面由12个旋转面板组成并呈开放状以供路人进入，该装置模糊了内外界限，并暗示了建筑物的进场方向。

右上图

正面进场： 2008年，宝麦蓝建筑事务所对葡萄牙里斯本罗西奥火车站进行了翻新，恢复了其1887年的建筑外观。对称的立面和明确的中央入口很好地标示出建筑物的主要进入通道，该通道的位置根据道路上人行横道的位置而定。

右图和下右图

螺旋进场： 位于荷兰阿森斯的德伦特档案馆采用的进场方式为参观者呈现了白色立方体的景观，该处景观作为2012年一项重大革新的一部分，由Zecc建筑事务所增建。由一条小路带领参观者

穿过花园，绕过现有的建筑，最后把他们送到新入口的面前。

入口

　　建筑的进场最终将通向入口，虽然建筑入口可以有很多定义，但它们不可避免地会被分为三类。进场与入口的关系以及建筑物的形式将决定在特定情况下，何种入口类型最为合适：

- 齐平入口；
- 投射入口；
- 凹进入口。

　　在处理现有建筑物时，室内设计师会面临一些限制，比如，如何改变入口的既定形式，

或者有机会在现有建筑内修改入口以创建新的进入方式，以向外界表明内部环境已经改变。如果在现有建筑物的结构中建立了新的入口，则设计师将有更大的自由来创建适合新内部环境的方案，同时适应进场和建筑物围护结构的要求。这种策略为设计师提供了绝佳的机会，可以将新旧建筑元素并置，同时强调场地已发生了某种形式的变化。

右图
齐平入口： 当这栋位于英国伦敦的房子在 2004 年被作为公寓时，它需要一个新的入口。场地的限制使得入口无法突出或凹进，所以格罗夫斯·纳切特娃建筑事务所设计了一个漂浮在现有砖墙上的黑色金属方形面板。这意味着建筑物的内部环境已经改变，而面板上的开口暗示这里是一个入口。

上图
投射入口： 格罗夫斯·纳切特娃建筑事务所于 2002 年完成了另一个住宅项目，但该项目要求采用不同的解决方案。在这里，一栋位于英国伦敦东南部的四层联排房屋被改造成公寓，需要从一楼的新入口进入建筑后方。金属楼梯仿佛由一块金属平面折叠而成，从建筑中伸出直至后院，以便于访客进入。

左图
凹进入口： 1998 年在日本东京建成的川久保玲专卖店中，未来体系建筑事务所拆除了一座相当普通的办公大楼一楼的现有玻璃店面，并创建了一个新的倾斜、弯曲的玻璃幕墙，以吸引顾客进入一个嵌入商店内部的入口。

案例　入口

艺术画廊，奥地利维也纳 / 阿道夫·克里查尼茨

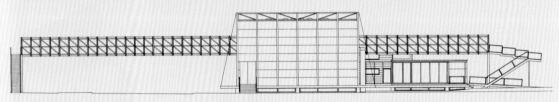

这座临时美术馆于1994年竣工，位于维也纳市中心的一个交通岛上，向路人表明如何才能进入该封闭的黄色盒子是一个挑战。它周围的主要道路将其与周围环境隔离。设计师巧妙地规划，将入口序列变成一系列景观，而这些景观模糊了内外部之间的界限。

最终的解决方案将美术馆构想成一个背向道路的盒子：穿透建筑物的圆管构成了盒子一侧的桥梁，将游客带到另一侧的入口。入口位于岛上，空间受到建筑物的保护，不受周围交通的影响。访客可能不清楚他们是在建筑物的内部或外部，还是建筑物的某一侧，哪一侧是"正面"，哪一侧是"背面"，甚至不知道他们所处的确切位置。所有这些不确定因素都与这个当代艺术空间相适应。

顶图

两段楼梯分别通向人行道的两个进场方向，将访客带到圆管形高架人行道上，该人行道充当横跨道路的桥梁。虽然毫无疑问这仍然是一个外部空间，但钢制笼形结构创造了一些封闭空间，并模糊了室内外之间的界限。人行道从高处通向建筑物主体。

下图

穿过道路后，人行道就穿入了美术馆。此时，人行道变成了不透明的管子，遮挡了艺术品的视线，并且通道直至盒子的另一侧伸出，使访客不确定他们是否在建筑物内。

上图

侧立面图显示了美术馆是如何位于交通岛上的，且入口序列从道路的另一侧开始。圆管形高架人行道（可通过楼梯进入）充当穿过主要道路的桥梁，然后穿过主要展览厅并从另一侧离开。整个行程通过一个180度转角的楼梯，将游客引领到通往美术馆内部空间的入口处。

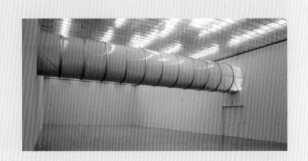

流通路线与空间关系

对于室内设计师而言，规划过程的一个关键方面是在人们穿过建筑物的路线与特定功能的空间之间建立关系。内部流通路线及其空间必须具有某种关系，而且只有三种选择：

- 空间穿越流通；
- 空间经过流通；
- 空间终结流通。

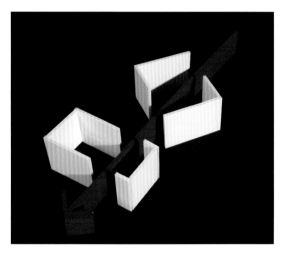

空间穿越流通

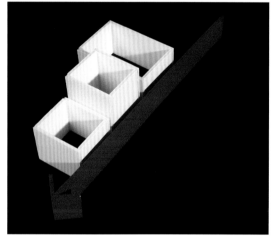

空间经过流通

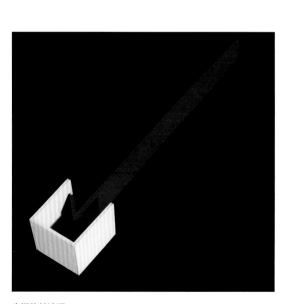

空间终结流通

空间穿越流通

如果一条路线带领用户穿过一个室内空间，其中包含其他的活动，则称之为空间穿越流通。该路线可以将用户带入空间的一侧，从中间穿过或迂回穿过，为室内设计师定义空间内的活动区域提供了机会。此策略可应用于诸多情形，例如在百货商店中，主流通路线会在给定楼层周围蜿蜒而行，从而确定具体的商铺空间。

根据方案需求，室内设计师将决定采取直接路线还是间接路线，以及用户是自由离开还是被限制在这条路线上——被允许查看流通经过的空间，但不能直接进入。

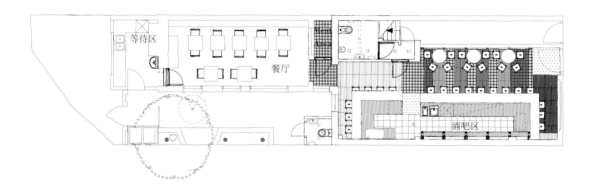

上图

该平面图展示了Phi设计和建筑事务所在2011年为澳大利亚Woollahra的葡萄酒图书馆酒吧和餐厅设计的方案。通过在主酒吧区设计一条穿越空间的流通路线来解决现有建筑物紧凑的布局，并提供了通向厕所、服务区和就餐空间的通道。

右图

该图显示了在葡萄酒图书馆酒吧的服务区和休息区之间建立的流通路线。用户可以自由地沿着这条路线前进，浏览服务区或坐在桌子旁。

右图和最右图

KMS工作室在德国慕尼黑的办事处于2000年建成，位于一栋前工业建筑内，这里的一座现有桥梁为建立高层流通路线提供了可能性。桥梁将接待区与位于建筑物后部的会议室连接起来，并穿过主要的工作区域，为客户提供了俯瞰下面工作空间的视野。

空间经过流通

　　在许多室内环境中，一般的流通路线并不适用。一些特定的空间可能需要私密性，例如酒店卧室和医生诊室，而且必须为建筑物中的其他空间让出通道。在这种情况下，可以采用空间经过策略。将穿过私密空间的路线包含在特定路线（走廊）中，或是一条路线可以穿过一个包含若干公共活动的空间，同时经过位于主要空间内部或附近的私人空间。这种情景一般出现在工作场所中，类似的开放式办公室可能包含一条空间穿越流通路线，该路线也经过细胞办公室及相邻会议室。

　　空间经过流通策略为室内用户提供了访问哪些空间以及访问顺序的选择。

右图
于 2010 年完成的位于奥地利克雷姆斯的阿道夫·克里夏尼茨的当代艺术档案将四个阅览室组合在一起，形成了一个矩形盒子，即"空间内的空间"。走廊环绕着内部分区，提供了一条空间经过流通路径，使访客可以按任何顺序进入任何区域，并确保在任何分割区域内进行的活动都可以连续进行。

下图
该图显示了一处走廊，它围绕着容纳四个阅览室的矩形盒子提供了空间经过流通路径。

右下图
阅读室的活动之所以能够保持畅通无阻，要归功于进入阅览室的空间经过流通策略。

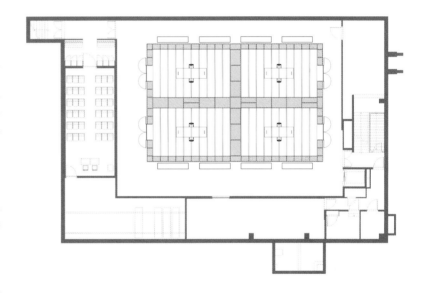

空间流通终止

　　一些空间可以让使用者进一步深入建筑物内部，但在许多室内环境中，给定空间即是流通路线的终点。因此，访客必须原路返回入口才可以离开该空间。出现这种情况时，流通将在给定空间中终止。在大多数建筑物中，这种情况屡屡发生：蜂窝式办公室、洗手间和储藏室均属于流通路线终止的空间。

　　流通终止所处的空间可以是建筑物中的次要辅助空间，也可以是特殊空间，以表示到达路线的尽头。通常可以通过在流通路线和其终止空间之间建立对比来创建戏剧化的效果：例如，经过一条黑暗且狭窄的路线抵达一个巨大且充满光的空间。

上图
罗素与乔治于2007年设计的澳大利亚墨尔本的一家时装专卖店。位于左侧的每个试衣间都是一个终止流通路线的空间，使用者必须往回走才能离开。

右图
罗素与乔治于2008年在澳大利亚唐卡斯特为伊索公司创建了这个小型零售单元。该方案由一个单一的空间组成，成为通往该空间的流通路线的终点。

上图

蜂窝办公室将提供一个空间来终止工作场所的流通路线，其中一个示例就是贝茨·斯玛特建筑事务所于 2007 年完成的澳大利亚悉尼的司法辖区办事处。

左下图和右下图

于 2013 年完工，由亚历克斯·科克伦建筑事务所设计的"静默屋"位于英国伦敦的塞尔福里奇百货商店。该方案引领顾客沿着黑暗的流通路线前行，最后到达一个柔和、平静且充满阳光的空间。

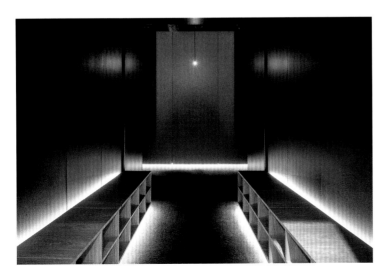

规划策略的综合运用

　　在极少数情况下，大胆、简单的规划策略即可满足建筑方案的需求，但大多数室内空间需要更为复杂的空间解决方案。大多数完工的室内设计都需要解决以下问题：

- 进场；
- 入口；
- 空间布局规划策略；
- 空间关联；
- 流通路线规划策略。

　　为了使建筑物正常使用，一个单独的室内环境会被配置成一个复杂的空间关系，并包含许多不同的流通策略。这些问题可以用隔离和分离的方法解决，解决方案通常是复杂且模糊的（例如，平面图可以用线性组织或网格组织）。当室内设计师对现有建筑内的空间进行设计时，这些问题都变得更加复杂。现有建筑有很多限制：可以用规划图解决某一特定功能需求，这在原则上是可行的，但对于不同场地要做一些调整。因此，室内设计师最重要的是做好理想设计与现有室内空间的现实及其固有限制之间的协调。

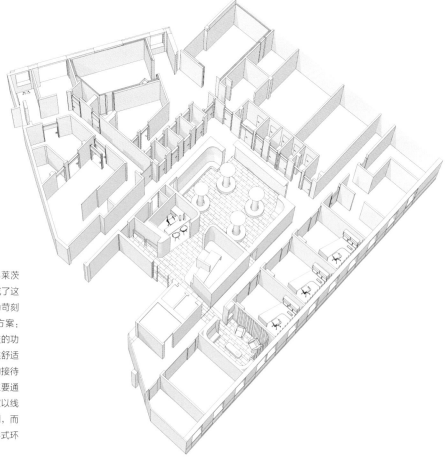

右图

2007年，伊波利托·弗莱茨集团在德国绍恩多夫完成了这家放射科诊所。该设计为苛刻的要求提供了空间解决方案：内部空间必须符合高科技的功能规范，同时为患者提供舒适的环境。一个精心安排的接待区通向中央等候区，而主要通道环绕该等候区。就诊室以线性配置布置到平面的一侧，而治疗室则以线性的集群形式环绕剩下的两条走廊。

右图

空间的入口区域为访客建立了一条通往等候区的清晰路线，同时确保安全和工作人员的监督。

下图

等候区集中在建筑物内部，使其成为安全的"心脏"空间，患者可以从这里进入其他设施。

座位围绕立柱呈放射状排列，有助于让等候的人群集中在这里。

左图和上图

就诊室以线性方式组织，简单地呼应了建筑物的结构网格，并且成为终端空间。

最左图

一条空间经过流通路线围绕中心呈U形路布置，从而连接周边的就诊室和治疗室。这种清晰的策略消除了迷宫般的走廊系统带来的混乱。

左图

治疗室以集群布置的形式组织，利用了场地重叠空间的复杂几何形状。

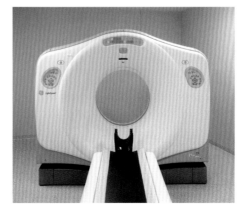

案例 规划解决方案

闪耀精品店，中国香港 / LEAD 和 NC 设计与建筑公司

闪耀是一家香港零售商，销售不同品牌的时装。该项目由 LEAD 和 NC 设计与建筑公司于 2011 年完成，将一个简单的小商店空间转变为一家经济且智能的精品店。简单、清晰的配置掩盖了空间和流通所采取的巧妙策略。与大多数成功的室内设计一样，这里采用了多种策略，使建筑物发挥其应有的功能。

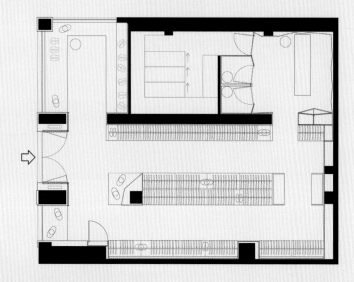

上图
矩形的店铺单元经过精心规划，将六个相邻的空间组合成一个紧凑的平面图，最大限度地利用场地提供的空间。主销售区和收银区是连接其他空间的公共空间，它们都具有穿越空间的流通路线。流通路线终止于其他四个空间，即鞋包区、两个试衣间以及存储区。而这些空间中的每一个都与其连接的公共空间相邻。

左图
主销售区具有空间穿越流通性，并充当连接两个相邻空间的公共空间。

上图

鞋包区正好位于主销售区的左侧,与之形成相邻空间关系。流通路线在此空间终止,从而使用户按原路返回。

左下图

收银区和与其相连的四个空间具有相邻关系并形成空间穿越流通关系,保证使用者可以进入两个试衣间(适用于客户)和存储区(适用于员工),同时允许他们返回主销售区(适用于客户和员工)。

右下图

在穿过整个主销售区后,使用者可以进入相邻的收银区,从而可以进一步进入试衣间和存储区。

第5章
从项目概述到方案设计

引言

　　室内设计项目的出发点多种多样，但都需要将需求转化为具体描述，以阐明目标和工作范围。概述通常是一份书面文件，可作为将思想、文字、图像和经验转化为现实的起点。这个复杂的过程不一定是简单线性的，每个项目都有着自己的特征和标准，这些特征和标准都可以为解决难题提供建议。本章探讨了将项目概述发展成室内空间设计方案的方式。

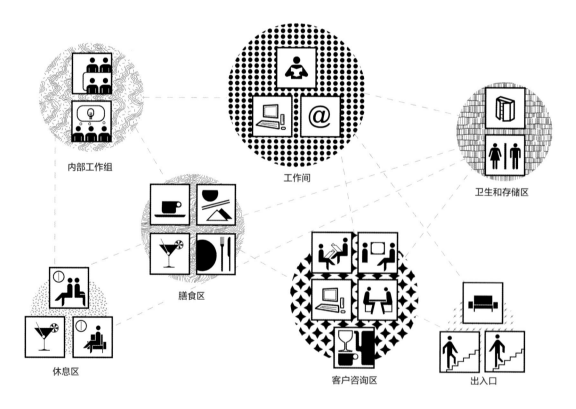

上图

SKLIM 工作室将其"精简办公室"（新加坡，2010 年）方案的概述开发成图表，由此开启了调查空间关系的过程。

项目概述

　　项目概述差异很大。一些客户对自身活动领域及运作方式了解得较为清晰，并且能够向室内设计师提供准确而详尽的概述（列出所需空间以及彼此之间的关系／功能），然后由室内设计师将此信息转换为可满足客户要求的方案。但有些客户只能确定要创建一个展开特定活动的内部空间，不知道具体如何实现。在这种情况下，客户会请求室内设计师来解决空间实现问题，并就活动如何进行提出建议。

想象、调研和创造

　　很多简单的活动可以以多种方式进行，这将对从事这些活动的人和空间产生影响。建筑物的空间组织关系保障人们在室内进行活动，并确保有适当的空间来实现这一点。

　　有一个问题是，室内设计师在给出概述时只会简单地复制现有的建筑方案，而不考虑如何解决问题。设计师有责任去思考和创造新的解决方案来应对和改善现状。餐厅设计就是一

最左图和左图

2009年，黑羊公司为英国伦敦 Inamo 餐厅设计的方案中利用数字技术引入了一种新的点餐系统，改变了餐厅内部的运作方式。交互式菜单被投射到桌面，让用餐者可以在任何时间毫无延迟地点餐。这种新方法为顾客提供了新颖的体验，同时提高了操作员的效率。

左图

成立于1997年的英国 YO! 寿司连锁店以其独特的就餐环境而闻名。它基于日本的回转寿司吧的概念，厨师在中心空间制备食物，周围是坐在酒吧里的顾客。备餐完成后，菜肴就会被放置在一个缓慢旋转的传送带上，食客们可以边走边挑选食物。彩色盘子表示每一份的价格，账单则是根据食客堆起来的餐具来决定的。

个很好的例子：在不同的环境中，餐厅有许多不同的运作方式。食物的订购和交付方式（侍者服务、自助服务或辅助服务）与付款的时间和方式（消费前或消费后）会对空间中的客户和员工以及室内空间的规划产生深远影响。

室内设计师的目标是帮助创造更适合餐厅运营的空间规划，以提供更好的用户体验或者针对人员、时间或空间提供更有效的运作模式。

聪明的室内设计师会在设计之前调查在所要设计的空间内可能进行的各种活动。

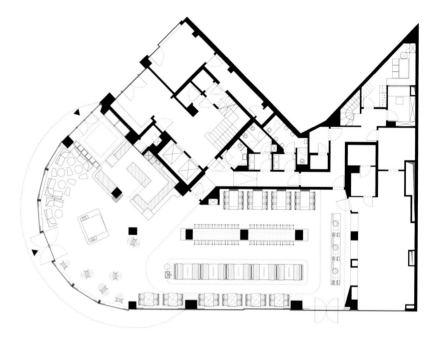

上图和右上图

2010年，伊波利托·弗莱茨集团为德国霍利菲尔德餐厅打造了一种全新的餐厅概念，以超值的价格提供优质的就餐环境。顾客利用触摸屏下单，然后将电子信号器带到座位上。食物准备就绪后会发出信号，然后顾客从柜台取餐。这种新的服务系统对空间组织产生了影响：入口处需要更多的空间来容纳独立的点餐终端，并且必须建立一个食物收集点。

右图

日本东京"咖喱实验室"打造了一种全新的餐厅形象。该餐厅由迷墙公司于2007年设计，其被设想为一个实验室，在这里，顾客仿佛变身成测试食物的研究团队的一员。该餐厅每天只做一道菜，座位的安排让人认为30名就餐者是在一起参加会议，并参与食谱的科学开发。

空间要求

特定活动的组织方式会直接影响该活动对内部空间的需求。完成对内部功能的理解后，就可以开始设计方案的空间组织规划。这个过程涉及以下几点：

- 开展活动所需的硬件设施（设施明细表）；
- 建筑物发挥预期功能所需的空间关系；
- 必要空间的规模要求；
- 保证空间有效运作的物理条件。

内部空间组织规划要考虑许多复杂元素。一次性处理所有的问题是不可能的，但将问题划分为几个部分分别处理就要容易得多。

室内设计师可以利用各种资源来协助此项工作完成，包括：

- 客户简介；
- 参观有相似室内项目的现有建筑物；
- 书籍和期刊中的先例研究；

- 参考书。

在本节中，我们以建筑事务所的办公室方案作为案例来解释这个过程。

设施明细表

内部空间的功能决定实现这一功能所需的空间。设施明细表列出了所有需要的空间，并允许室内设计师开始进行平面图设计。在制定明细表时，所涉及活动的各个方面非常重要。例如，餐厅必须提供适当的空间供顾客享受用餐（如就餐空间、酒吧、衣帽间和厕所），以及供员工准备和提供食物（厨房、备餐间和食品店）。一系列辅助设施也需要考虑进去，例如管理人员的工作场所、清洁间、休息室、更衣室以及员工洗手间。

○ 建筑事务所办公室设施明细表
○ 接待处（1名接待员）
○ 等候室（供4人）
○ 工作室（10个工位）
○ 办公室（2个工位）
○ 会议室
○ 文印室
○ 厕所
○ 厨房
○ 零售点

左图
在设计过程的某个阶段，所需空间将以简单列表的形式逐项列出。在这里，确定小型建筑事务所办公室所需的设施，并使用不同的颜色将文字与后续的图表联系起来。

空间关联

　　确定了所需设施的清单，室内设计师下一步该考虑的就是空间之间如何相互关联，以使内部环境按要求发挥功能。这一步可以通过图表进行探索，在该阶段可以平均地分配空间（即绘制成相同的大小），这个步骤工作的重点在于建立不同空间之间的联系和用户身在其中可以体验到的空间顺序。

下图

最初的图表可以探索设施明细表中确定的空间之间如何流通。此时，设施的清单会变得更加空间化（但必须清楚这是一个图表，而非一个建筑平面图）。

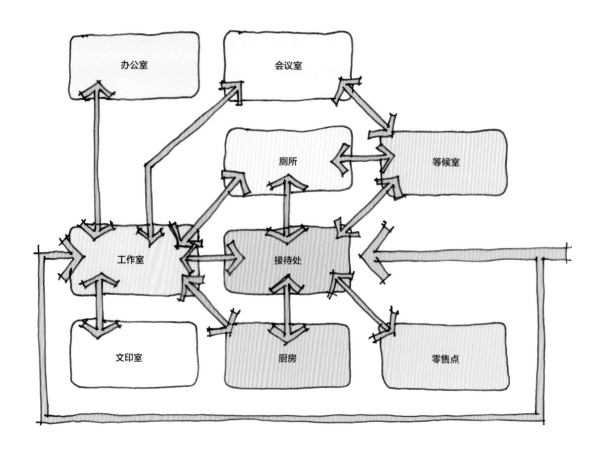

空间规模

确定需要多大的空间来支持活动也十分重要，这关系到内部空间是否能够按预期运行。室内设计师通过参观现有建筑物，查阅书籍和杂志上已完成的方案，参考先例作品，并在需要时制作完整的空间模型，保证空间分配的合理性。对于某些无法压缩的空间（例如无障碍洗手间的尺寸），确定最低规范要求；而其他活动区域（例如接待区）可以更灵活，并在设计过程中不断调整，以适应现有建筑物。

确定每个空间的大小后，室内设计师可以按适当比例把尺寸绘制出来，通常为 1：100 或 1：50。这是设计过程的重要组成部分，在这里文字和想法以有形的方式表达出来。

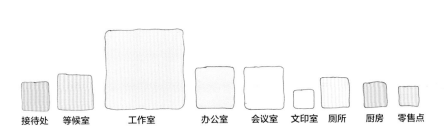

接待处　等候室　　工作室　　　办公室　会议室　文印室　厕所　厨房　零售点

左图
可以按适当的比例绘制图表，通常以 1：100 或 1：50 来确立每个空间的尺寸。若每个空间均呈正方形，很容易就每个空间的相对比例进行比较。

空间形状

只要有足够的空间，无论什么样的活动都可以在不同形状的空间中完成。

而有一些活动则需要特定的形状配置才能顺利开展。例如，一家餐厅的用餐区可以是一个狭长的空间，也可以是一个圆形的区域，虽然氛围可能不同，但都可以完美地发挥作用。而影院观众厅则需要一个特殊形状的空间，以使所有观众都能有良好的视野。室内设计师在规划过程的最初阶段，要特别明确所设计的空间是灵活度很大的空间，还是有特定要求的空间。在此之后，设计师可以按适当比例绘制图表以推进规划过程。

空间物理条件

为了保证正常工作，室内方案中的某些活动将有特定的空间物理条件，而另一些活动则更加灵活。一项活动可能需要在一个封闭空间里完成，这个空间体量高且黑暗，而另一项活动可能需要在一个小而开放、可以接触到自然光的空间中完成。重要的是确定哪些活动有特别的需求，因为它们通常限定了方案空间组织的选择。

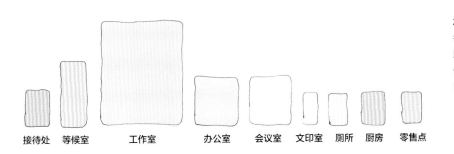

接待处　等候室　　工作室　　　办公室　会议室　文印室　厕所　厨房　零售点

左图
每个空间的正确大小可以帮助设计师确定每个活动的最佳空间形状。该图表可以按比例绘制。

案例 店铺设计

COS 商店 / 威廉·罗素，五角设计公司

COS（时尚精品店）是瑞典的时尚品牌，倡导以合理的价格提供设计精美且制作精良的服装。COS以注重细节而闻名，用简单的理念设计实用的服饰，并力图创造出既经典又现代的服装。2007年，伦敦五角设计公司的合伙人威廉·罗素为该公司的零售店提出了一个概念，通过细分不同的产品系列，使COS成为更大的品牌。男装区和女装区分别被划分为四个区域，包括都市休闲区、经典区、休闲区和派对区。"这家店的创意来自COS本身，在一个大的精品店中包含许多小的系列。我开始思考划分区域，而它们形成了这里的空间"，罗素解释道。

这家专卖店的设计深受20世纪中期斯堪的纳维亚设计的影响，反映了罗素本人对这种美学的热爱以及客户在瑞典的公司总部的风格。罗素并未使用墙壁划分空间，而是使用了一条厚实的黑色金属导轨将区域进行划分，金属导轨以连续的形式贯穿整个专卖店。罗素开发了一系列与导轨配合使用的组件，这些组件可以用多种方式组装以适配各种不同的空间角度。这些组件的大小、组装方式等各不相同，却可以在众多场地中始终如一地传达相同的理念。

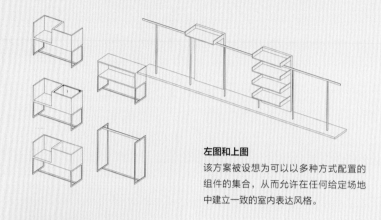

左图和上图
该方案被设想为可以以多种方式配置的组件的集合，从而允许在任何给定场地中建立一致的室内表达风格。

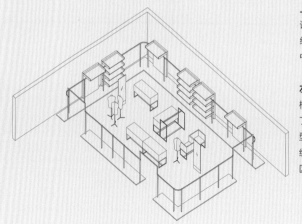

上图
该概念图显示了组件在虚拟场地中的安装。

左图
概念轴测图演示了如何在一个典型的商店中使用组件建立不同的区域。

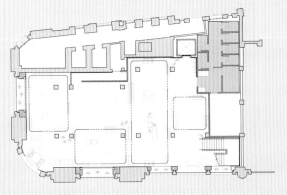

左图
在英国伦敦摄政街的场地上，商店被布置在一层和二层。该建筑位于两条街道的交汇处，客户可从一层的拐角处进入。

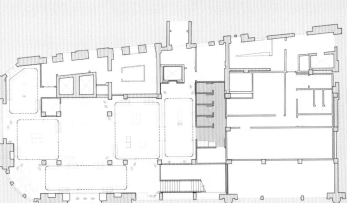

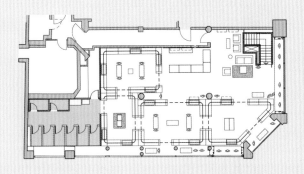

左图
位于德国汉堡的店面比伦敦的店面小，共有三层。和伦敦一样，入口在场地的拐角处，在这里，顾客到达一层的一个相对较小的空间，从那里他们可以参观一层的主要购物区以及地下室的其他空间。

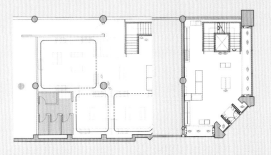

规划分析图

室内设计师在深思熟虑后，可以综合收集到的信息，生成一个单独的规划分析图，用来确立空间及其大小、形状和彼此之间的关系。此外，在这个阶段，设计师应该了解每项活动所需的一些其他的空间要素，例如日光或分隔需要。成熟的规划分析图将体现出室内空间组织需要满足的标准。随着设计工作的进展及室内规划的制定，设计师应该能够根据规划图检验建筑的空间组织是否合理，以确保所提出的方案满足标准。

规划分析图是设计过程中的重要部分，但它不是一份简单的建筑平面图。场地的条件以及项目的理念决定了最终的方案形式。

下图
一份规划分析图综合了有关设施明细表、空间关系及空间大小和形状的信息。

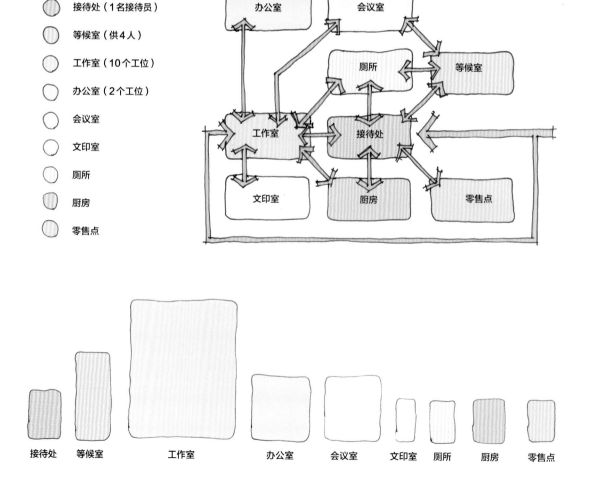

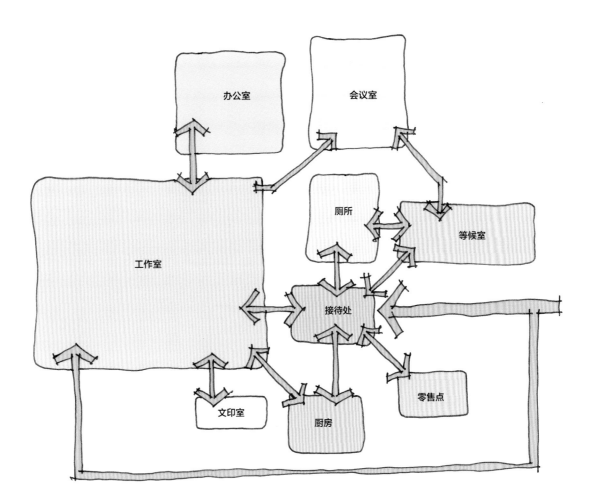

上图

规划分析图建立了室内空间组织的理想
模型。可以对照设计过程进行检查，以
确保包含了每个必要的空间，并且它们
的大小、形状和彼此之间的关系能使建
筑物按要求运行。如果完工后的内部环
境满足所有此类条件，则其组织很可能
会满足项目概述的目的和目标。

STEP BY STEP 绘制规划分析图

设计师利用分析图来辅助思考、创意、文字和数据，从而将设计方案转化为现实。建立规划分析图是此过程的关键。规划分析图中为了创建理想的内部表现模型，综合了许多组织问题。规划分析图利用比例、形状、颜色、文字和箭头来帮助表达建筑物的运行方式。在下面的示例中，我们以一个小型牙科诊所的设计来说明。

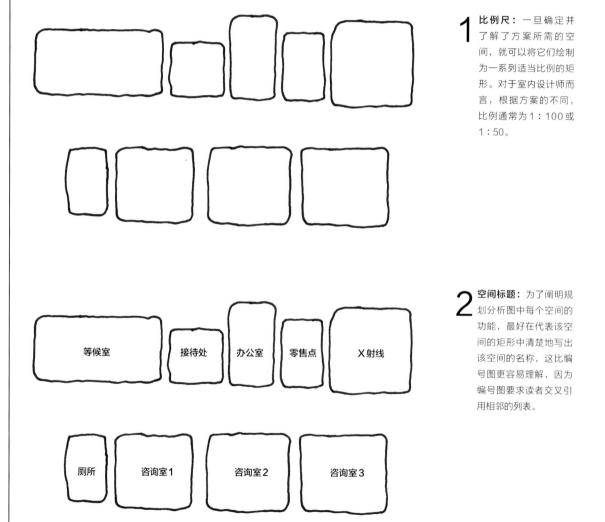

1 比例尺： 一旦确定并了解了方案所需的空间，就可以将它们绘制为一系列适当比例的矩形。对于室内设计师而言，根据方案的不同，比例通常为1：100或1：50。

2 空间标题： 为了阐明规划分析图中每个空间的功能，最好在代表该空间的矩形中清楚地写出该空间的名称，这比编号图更容易理解，因为编号图要求读者交叉引用相邻的列表。

等候室 接待处 办公室 零售点 X射线

厕所 咨询室1 咨询室2 咨询室3

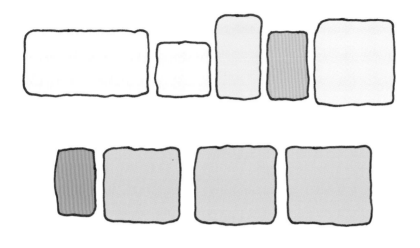

3 颜色：如果使用颜色辅助交流，则分析图将更加清晰。仔细选择颜色以增强分析图的信息——此处，黄色表示仅供患者使用的空间，蓝色表示仅供工作人员使用的空间，绿色表示双方共同使用的空间。

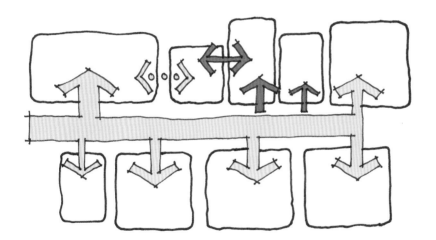

4 箭头：可以使用箭头来解释 4 个空间之间的关联性。与此前一样，可以使用颜色来标示不同类型的关联；此处，患者/工作人员动线以浅灰色显示，而仅限于工作人员的动线以深灰色显示。虚线箭头表示接待处和等候室之间的视觉联系。

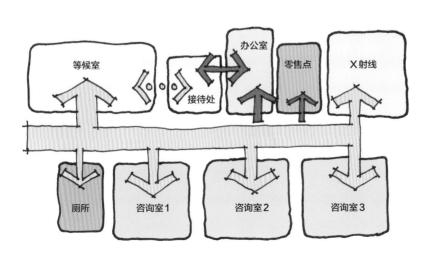

5 合成图：将上述所有元素综合在一起，以创建最终的合成图，该图可以快速并清晰地传达规划策略。徒手画的规划分析图本质上是空间布局背后的非正式交流——这是设计过程的一部分，而不是最终方案。

将规划分析图与场地联系起来

规划分析图展现了室内运作模式的理想模型。然而这个信息是纯粹的图解，并不是真正意义上的室内平面图。从理论上讲，在开放场地工作的建筑师可以通过简单的调整来绘制规划分析图并将其转变为现实，但是室内设计师的任务却不同，他们的工作是在现有场地的环境中进行的。

为了推进一项方案，必须在现场对规划分析图进行测试，以便在项目概述里提到的功能需求和建筑内部现状之间建立一种可接受的关系。这是比较直接的，因为现有场地的规划分

下图和下页图

应该明确，规划分析图不是建筑平面图。这些图纸显示了史密斯空间建筑事务所在2010年提出的时装公司Edun在美国纽约的展厅和办事处的方案——规划图已被开发为布局草图，进而发展为室内设计方案。

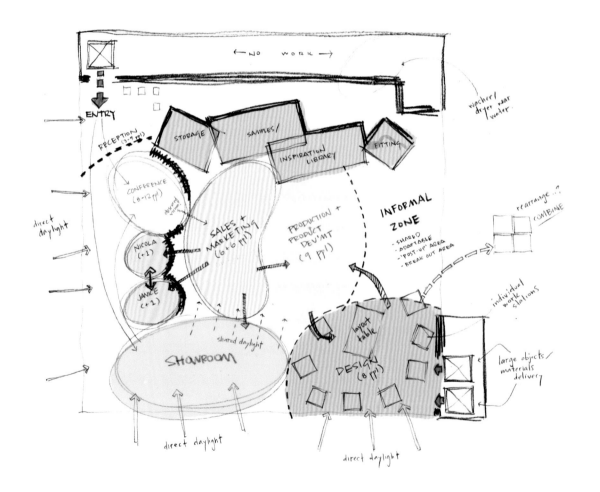

析图和平面图可以采用同一个比例。1：100或1：50的比例通常适合室内设计师在项目阶段进行。需要注意的是，同一规划分析图可以采用许多不同形式的布局，而无需更改已建立的规划关系，可以从现有空间中的同一起点创建多种空间组织。实际上，在决定最合适的布局之前，室内设计师应该不断尝试。

鉴于规划分析图是一个"理想的"方案，而现有场地是一栋已建成的建筑物，因此不可避免地会有一些折衷。室内设计师的工作通常是不断地优化方案而非完美实现方案，因此在实施过程中必须做出让步以适应给定空间的现有状况。事实上，某些场地的现状是一定的，主导决策过程的往往是玻璃的安装、排水或者入口的位置，而非规划图中已确立的理想关系。

此过程应作为制定平面图的铺垫，以使项目概述的要求与现有场地的条件限制相协调。然后，室内设计师可以探索从三个维度阐明计划的方式（请参见第7章）。一旦做出决定，就可以在正式的平面图及剖面图中记录（和开发）信息。

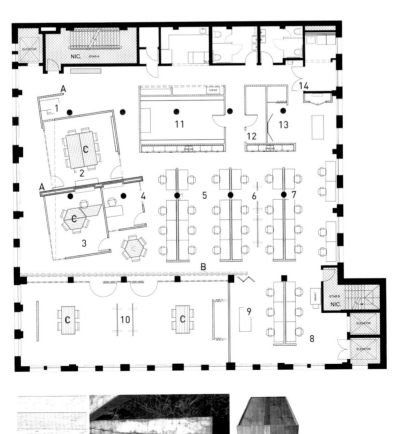

1 接待处
2 会议室
3 首席执行官办公室
4 首席财务官办公室
5 销售和营销办公室
6 生产工作区
7 技术工作区
8 货运入口
9 设计工作区
10 展厅
11 样品间
12 存储室
13 配件区
14 洗染房
A 墙壁覆以再生木材
B 玻璃墙前装饰的再生木材
C 在当地定制的再生木桌

右图

现有场地的条件将提供
机会并要求折衷。玻璃
位置、结构元素（包括
墙壁和圆柱）以及现有
入口等因素将有助于确
定如何将规划分析图与
建筑结构相协调。

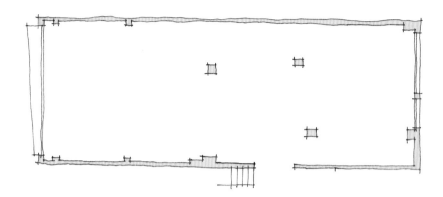

右图和右下图

可以以多种不同方式将
相同的规划分析图（请
参阅第80和81页）引
入现场。由于规划分析
图是以公认比例绘制而
成的，通常为1∶100
或1∶50，因此可以根
据现有建筑物的平面轻
松测试项目概述信息。
建立平面图之前，还应
探索更多其他选择。

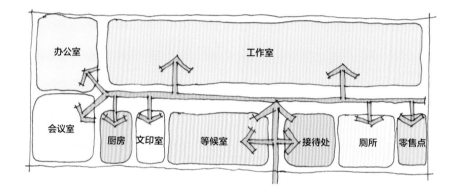

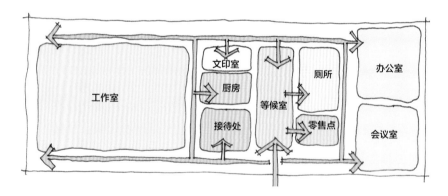

右图

一旦在三个维度上探索
了分析图，就可以记录信
息以生成最终的规划方案。
随着过程的进行，越来
越多的细节得以解决。

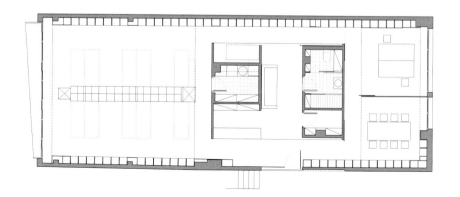

左图和下图

B Mes R 29建筑事务
所在西班牙莱里达的办
公室（2008 年），以其
完整的内部景观成为这
方面的先例。

案例 展览

罗杰斯·史达克·哈伯建筑事务所——从房屋到城市 / Ab 罗杰斯设计

"罗杰斯·史达克·哈伯建筑事务所——从房屋到城市"展览最初于2007年在法国巴黎蓬皮杜艺术中心举行。展览内容围绕建筑事务所相关的主题展开,分为:早期工作、透明、轻巧、清晰、绿色、公共、系统、城市和在建工程。模特被摆放在不规则形状的桌子上,每个主题用不同的颜色标识,以此为展览的不同区域编码。墙上展示了按时间顺序、图纸和摄影图像组成的60米的时间轴,描述了该事务所实践工作的过程,而展览空间中心区域的"广场"则为参观者提供了了解项目的机会。

彩色桌子、时间轴墙和"广场"构成了该展览方案。它们被设计为独立元素,可以通过不同方式进行组合,以便将展览布置在许多不同的地点。在5年时间里,该展览在巴塞罗那、北京、中国香港、伦敦、马德里、新加坡和中国台北展出。

上图
最初的布展是在法国巴黎的蓬皮杜艺术中心。

下图
展览的关键元素之一是时间轴墙,它必须能在许多不同的场地使用。

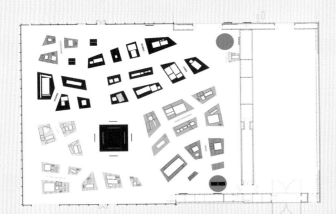

上图
蓬皮杜艺术中心布展的平面图。

下图
随后在巴塞罗那、马德里和中国台北进行的布展计划说明了如何根据现有场地将相同的设计概念以各种不同的布局形式进行布置。

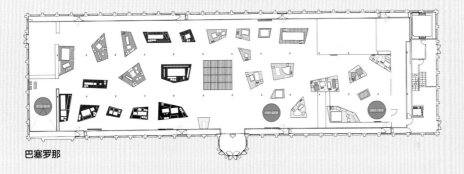

巴塞罗那

马德里

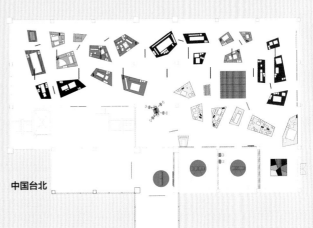

中国台北

第 6 章
现有建筑物的影响

引言

现有建筑物将为室内设计方案提供设计背景。建筑物围护结构在室内设计中是重点考虑的因素，它们要么到处都是华丽的建筑装饰，要么是新购物中心中空无一人的零售单元。无论背景多么宏大或普通，我们总是需要思考如何将新的设计方案与现有环境并置。对这个问题的解答是项目能否成功的关键。

本章将介绍设计师在分析现有建筑物时应考虑的问题，并进一步确定他们可以采用的引入新内饰的策略。

上图和左图

2010年，为庆祝位于荷兰杜伊恩沃德城堡的美术馆成立五十周年，由波林·布雷默建筑事务所与贾里克·乌堡工作室合作设计的"肖像馆"被放置在该建筑物的18世纪宴会厅之中。新装置的平面形式依据房间地毯的图案而定，在具有高度装饰性的现有内部空间与新的镜面盒子之间形成了对比。

分析现有建筑物

　　设计师分析和理解现有建筑物的能力随着知识和经验的增长而提高。建筑物很复杂，关于为什么和如何建造建筑的结构，以及它现在呈现的样子，室内设计师有很多东西要学习。以下概述了对场地进行理解时需要考虑的诸多不同问题。但是，所涉及的建筑物的特殊性质将决定这些问题中哪些是相关的。在这个过程中获得的信息至关重要，因为设计方案的开发通常是对分析过程中发现问题的直接回应。室内设计师必须评估值得分析的内容，以获得有助于该项目开发的信息。

左图

项目场地是一栋 19 世纪晚期的仓库建筑，位于英国伦敦苏荷区黄金广场西南角的下约翰街。

左图

在这些航拍照片中，该场地的位置被清晰地标示出来，这为其背景提供了一些视觉线索。在这里，我们了解到该场地（红色轮廓部分）位于稠密的城市环境中——位于公共广场的边缘并靠近主干道。

左下图

在英国，地形测量局以 1∶1250 的比例尺绘制地图，用来显示建筑物的确切位置。在这里，有问题的场地用红色轮廓清晰地标示出来，相邻建筑物的痕迹被识别出来，场地与周围环境的关系开始变得更加明显。

左图

通过分析旧照片和插图，通常可以了解该处场所的历史以及一段时间内周边环境的演变。

　　本节内容来自英国伦敦市中心的黄金广场20号和下约翰街5号的单个项目。这里最初是个建于19世纪80年代的仓库，现用作办公空间，它在19世纪和20世纪经历了各种改建，目前亟须维护和更新。2013年，澳姆斯建筑事务所对其进行了可行性研究，以评估该处建筑物的开发方式。

上图

当地档案馆保存着不同时期的地图等资料，它们是进一步了解该地区多年来发展的重要工具。

右图和最右图

进入场地的路径会影响室内规划决策。在这里，单向交通系统意味着车辆仅可从左侧向前方进入场地的一角，而行人通道则位于广场建筑物的左侧、右侧和前方。场地与其最近地铁站的关系意味着在早上，行人主要从左边接近建筑，而在晚上则相反。

右图

建筑的朝向直接关系到日光进入空间的方式和时间。在这里，朝东的窗户上装有百叶窗，以保护房间使用者免受清晨的阳光直射。

左图

建筑物的构造类型决定了如何进行改造。在这里，承重砖墙与铸铁柱和木梁相结合，以支撑木质楼板。在结构网格内，可以相对容易地在木质楼板上做挑空处理，但移除柱子和梁将更具挑战性。

下图

了解建筑物开口的类型、数量和位置将有助于设计师制定室内方案。从街道进入建筑有两个入口，其中之一在 20 世纪 60 年代得到了改造，但原有的拱形窗户仍被保留，对内部的室内空间产生了重大影响。

上图

现有建筑物的材质将为设计决策提供依据。在现有楼梯上进行的一些探索性工作决定了翻新后木材的外观。

上图

现有内部条件通常会为方案提供依据。木地板的磨损痕迹与早已被拆除的机器的位置有关。

上图

对建筑物构造细节的理解将确保室内设计师做出明智的决策。在这里，古典的柱式采用了塔司干式的柱头。

上图

现有建筑物的服务整合是复杂的；在这里，电力和供暖服务以一种特别的方式被添加到建筑物之中。大规模的翻新工程将需要新的安装措施。

右图

建筑空间和体量必须适合拟定的活动。在这里，一个巨大的顶部照明体块被一组网格所打断，使得空间很难被细分为更小的空间。室内设计师需要仔细考虑如何充分利用这个奇妙的开放空间。

右图

建筑物的结构网格有助于确定规划解决方案。在这里，建筑的主要元素取决于矩形柱网（以红色显示），这些柱体与平面的顶部和右侧相关。建筑的立面回应了这个网格，而平面左侧和底部的不规则边界则呼应了相邻建筑的形式。

最右图

对于许多室内情况来说，既定的流通路线可能难以更改，因此会影响未来的规划决策。在这里，现有的楼梯具有一定特色，建议将其保留为拟定室内方案的一个组成部分。

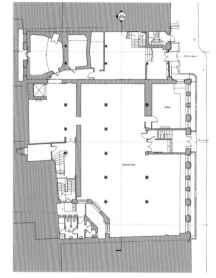

右图

对主建筑的理解将有助于设计师找到改变的机会。对建筑类型、结构网格和开口的全面掌握形成了一个方案，即在楼层之间创建一个挑空的开口，以允许日光从屋顶穿透到下面的楼层。

引入新元素

一旦室内设计师分析完建筑物并对场地有了一定的了解，他们就会考虑如何在其中引入新的室内元素。虽然方案可能会受到客户性质、建筑方案需求、室内使用寿命及项目预算的影响，但对于室内设计师来说，对现有状态的呼应是至关重要的。设计师将考虑如何处理既定的建筑结构（恢复、保存或翻新），以及如何将新引入的组件与现有组件联系起来。他们可以选择在新旧之间建立动态对比，或者创建从过去到未来的无缝过渡。

格雷姆·布鲁克（后文简称布鲁克）和莎莉·斯通（后文简称斯通）在他们的《国际室内建筑设计教程：形式与结构》一书中，提出了为现有建筑物引入新室内设计的三种策略：

- 融入；
- 插入；
- 安装。

这些策略为室内设计师思考如何在新室内装饰与现有建筑物之间建立关系提供了清晰且智能的方法。作为一门较新的学科，室内设计只有一门可供操作的理论基础。因此，设计师经常使用"安装"和"插入"这样相互矛盾的术语来描述处理类似问题的方法。为清晰和一致起见，本书将使用布鲁克和斯通确立的术语作为定义室内设计师为呼应现有建筑物而采用的策略。

下图

位于西班牙托莱多的埃尔·格列柯博物馆由帕多·塔皮亚建筑事务所设计，于2012年竣工。在这幢16世纪的房屋中，引入了新的"浮动"人行道，游客可以在不接触建筑遗迹的情况下穿过这些历史空间。

本页图

2013年，位于意大利都灵的一家前工厂
变成了赛普拉信息技术公司的现代办公
空间。DAP工作室决定还原其现有的建
筑结构，同时保留结构过去的痕迹，然
后再引入清晰的白色元素，从而在新旧
之间建立起强有力的对比。

本页图

"茶点美食"是巴西圣保罗的一家小咖啡馆，由艾伦·朱于2011年设计。原本墙面的抹灰被拆除，露出砖墙，然后漆成白色。对现有地板进行了翻新，并引入了一个新的悬浮的天花板，以简化上方的横梁。空间处理完后，柜台、桌子和椅子就作为独立的家具元素自由摆放。

融入

布鲁克和斯通在他们的《国际室内建筑设计教程：形式与结构》一书中提到："如果全盘接受原始建筑物并与新设计确立了亲密关系，即两者合二为一，则为融入策略。"

当采用融入策略时，现有的和新的事物彼此将难以区分。这意味着新元素看起来与现有建筑结构相同，或者新元素被用来装饰现有的建筑结构。不过，新旧之间的差异也可以用设计手法清晰地表达出来，成为所有人都能欣赏的对象。可以肯定的是，现有建筑物会被修改，以接受新元素，这意味着主建筑物将不可逆转地被改变。融入策略可能涉及对场地做加法，但也可能做减法，因为改变现有建筑物的运作方式需要移除某些元素。

尽管融入要求新旧事物间相互依存，但这并不一定意味着这些要素将相互折衷。新的融入措施将由现有场地的性质决定，但可能采取与原有场地相反的形式。

本页图

康普顿·韦尔尼是位于英国沃里克郡的一座豪宅，已被列为一级历史建筑，具有特殊的历史意义。2004年，斯坦顿·威廉姆斯建筑事务所通过修复、翻新和新建相结合的方式将近乎废墟的建筑物变成了当代艺术中心。与环境控制有关的复杂需求意味着，在豪宅的某些部分需要采取"空间内的空间"的融入策略，以便为控制和管道系统提供空间。新的墙壁和天花板与现有建筑结构形成了不可分割的关系。

本页图

为了在英国伦敦建造自己的家（竣工于 1999 年），设计师约翰·鲍森选择了一个典型的联排别墅，将现有的室内空间掏空。这使得在建筑围护结构中引入全新的空间配置成为可能，同时使建筑物的外部得以保持完整。尽管存在强烈的对比，新的室内空间和原有的建筑结构是相互交叉和依赖的。

案例 融入

黑珍珠屋，荷兰鹿特丹 /Rolf 工作室与 Zecc 建筑事务所合作

当建筑物以现有结构和新元素相互依赖的方式进行改造时，就称之为"融入"。通过这种方法，对主建筑所做的调整是不可逆的，而且这种调整与新的内部空间融为一体、不可分割。

Rolf 工作室与 Zecc 建筑事务所将一座古老的荷兰联排别墅改造成新的工作室和住宅空间。该项目于 2010 年完成，这是一次与现有空间改造有关的实验，同时还体现了对建筑历史和建筑物的再利用。建筑物的外墙被一层黑色涂料涂满，而现代感十足的室内则通过许多透明的新开口展示出来——这些开口打破了原始立面。联排别墅中的所有楼层均被移除，以创建一个整体的内部空间，从而允许引入全新的内部空间布置。就像外部一样，内部环境通过保留过去的痕迹来讲述建筑物的故事。砖墙被剥离掉，以呈现旧地板、墙壁和扶手的位置，而新的元素则完整地居住在建筑物的外壳中，必要的结构部分附着在建筑上。

该方案以一种富有挑战性的方式为现有建筑的翻新提供了一种可靠的方法。虽然对室内和室外的对待方式不同，但两种方式都传达了一个关于建筑物随时间发展的理念。现在，新旧之间形成了一种相互依存的关系，任何一个都不能单独存在。

右上图
黑色涂层在特定时间点"冻结"了原始建筑物，并统一了整个原始外观。新的内部空间以一系列明亮的金属框玻璃窗表现出来，并突出于建筑立面之上。这些新元素忽略了现有的窗户，并随机穿过建筑结构。

右图
立面的细节显示出一个穿过原始建筑结构的新开口。

最右图
建筑物的剖面显示了如何通过拆除现有的内墙和地板将新的楼层和楼梯引入到建筑中。

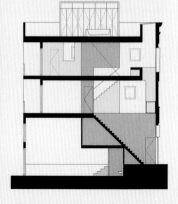

最左图

新的室内空间使不同楼层之间的视觉联系成为可能。现有建筑结构的开口呼应了新的内部配置，在室内外、新旧之间建立了一种有趣的张力。

左图

洗手池台面、墙壁和栏杆融合在一起，成为抽象的空间形式，其大胆的简洁设计与原始建筑结构形成了鲜明对比。

左图

保留原始楼梯的痕迹，以提供有关建筑物过去的信息。

左下图和下图

有时新的内部组件会从旧的建筑结构中剥离出来，有时它们会柔和地衔接，有时新的组件会冲破旧结构。然而无论采用哪种方法，都要特别重视原始建筑与新内部环境之间的关系。

插入

根据布鲁克和斯通的说法，当"主体建筑容纳新的元素时，这些元素也适应现有建筑物的尺寸，它们被引入建筑中或周围，但仍保持不变"，这个过程就是插入策略。

采取插入策略可以使现有建筑物和新引入的元素之间建立联系，新旧元素间相互适合。因为新元素是为特定场所量身定制的，可能采用与原始建筑物相同或一致的形式。不过，尽管新插入部分是为特定位置专门设计的，但有时通过采用与现有空间强烈对比的方式，也可以成为设计方案的契机。主建筑物可以在新的项目中完全保持不变，也可以在引入定制的元素之前对其进行修改。

由于这种策略意味着插入元素的尺寸与其插入的空间之间存在对应的关系，这就意味着需要量身定制方案，该解决方案只适用于这个特定的项目中。虽然在设计之初并不打算挪动它，但也可以在不过度影响结构的情况下将插入元素移除。

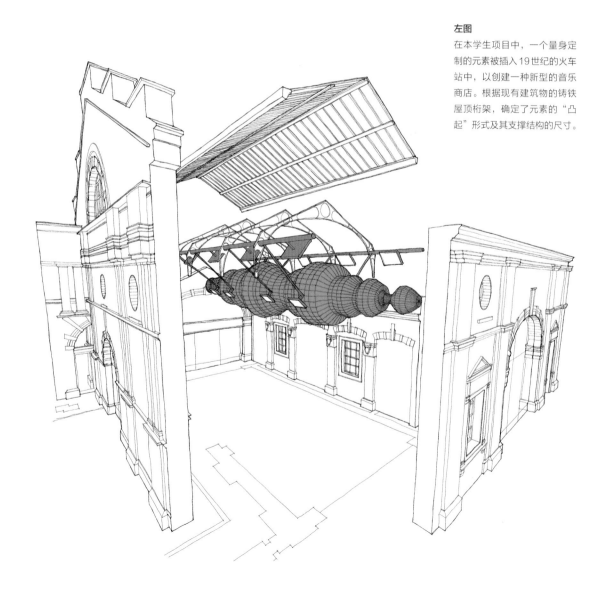

上图

英国约克郡的惠特比修道院游客中心于 2002 年开放,斯坦顿·威廉姆斯建筑事务所采用了一种插入策略,即在一个 17 世纪宴会厅的半废墟中创建一个新的内部空间。

下图

废墟中插入了量身定制的钢结构,可支撑屋顶和较高楼层,因此该建筑可以被看作是独立的现代结构,与现有石材残骸形成对比。在南部立面,金属、玻璃和木墙像窗帘一样悬挂在结构上,提供了一个封闭的空间,进一步强调了新旧并存。

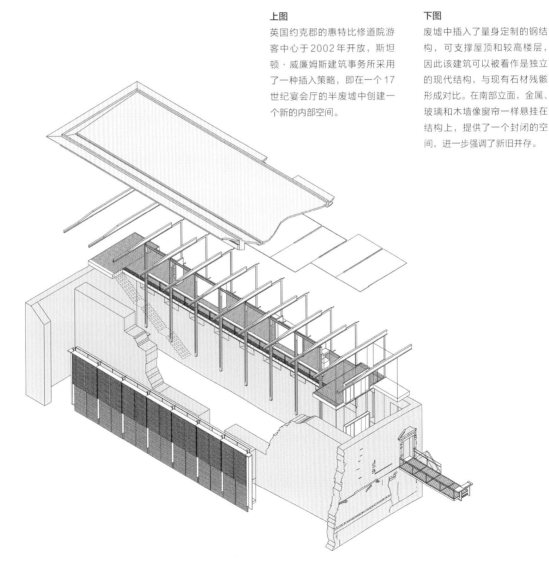

案例 插入

塞尔福里奇百货公司"静默室"，英国伦敦 / 亚历克斯·科克伦建筑事务所

"插入"是在现有空间中放置新的元素，这样以后就可以在不影响原有建筑的情况下移除它们。该策略与安装策略（见下一节）的不同之处在于新元素尺寸与现有场地尺寸直接匹配，即新室内环境是针对特定场地量身定制的。

亚历克斯·科克伦建筑事务所根据该项目的参数选用了插入策略，该项目于2013年完成。"静默室"是一个临时的室内空间，该空间可以被随时移除，以保持现有建筑的完整性。该场地是一个包含六根柱子的空间，这些看起来有问题的柱子最终推动了解决方案。通过围绕柱子的厚墙，在现有体量中创建了一个中央空间。这种策略通过形成一个与主要空间隔离的空间，从而兼顾方案，以产生静默空间。在这种情况下，插入策略提供了有效的解决方案，以应对由室内设计寿命、场地环境和方案所带来的挑战。

这个方案有效地执行了一个大的概念性想法，并产生了巨大的效果。设计师决定将主空间视为"黑盒子"，并引入新的直线体块作为"空间内的空间"。新盒子的外面是黑暗的，创造出较暗的流通路径，最终到达空间中心的照明温暖且柔和的"静默室"。所有新元素的尺寸都是为了统一现有元素。

右图和右下图
最初的概念图将方案表现为一个漂浮在现有黑暗体块中的灯盒，作为"空间内的空间"。建筑物和嵌入物体之间的空隙成为流通空间，迫使使用者在离开"静默室"之前绕着盒子旋转。

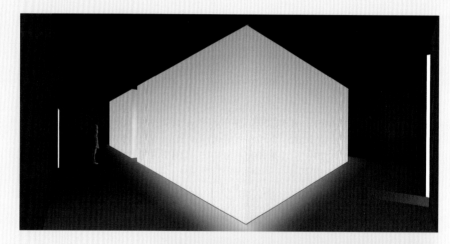

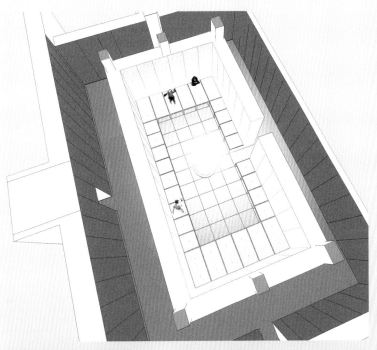

左图

这个简单的规划图必须解决场地设置中的一些难题，在给定空间中有六根现有的柱子（用红色突出显示）。设计师要兼顾柱子的大小和位置，然后在解决方案中利用这些信息作为插入元素的尺寸参考。设计师决定用内外两层表皮围合出一个空间，以厚重的墙壁定义出中心的区域，这样一来，现有立柱在空间中就"消失"了。最终得到了一个根据场地的特定尺寸而量身定制的结构。

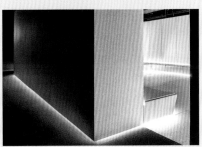

左图和最左图

现有空间被漆成黑色，在繁忙的百货商店和"静默室"之间创造了一个神秘的中间地带。用户在到达光线柔和且宁静的目的地之前，在近乎黑暗的环境中围绕着中心的"静默室"移动。中密度纤维板排列在现有建筑物的墙壁上，构成了中心空间的外表皮，从而塑造了一个光滑而坚硬的流通区域。每个面板都是针对场地的特定尺寸量身定制的。

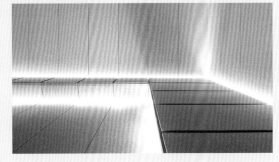

上图

中心空间作为一个安全的避风港，与前面的流通路线和远处的工作区形成对比。柔和的灯光暗示空间是"漂浮的"，而墙壁、座位和地板覆盖着柔软的毡板，舒适且具有吸声作用。空间上方是开放的，"借用"了现有空间的天花板。现有的功能服务设施显露出来，但被涂成了黑色。

上图

对于这种使用寿命仅为几个月的临时内部空间，设计师使用了有限的简单材质，但对其进行了精心、细致的处理，以产生精致的效果。天然羊毛毡和橡木贴面的使用很谨慎，严格按照网线来排布，以使现有场地内的建筑元素显得理性化。

安装

　　根据布鲁克和斯通的说法，当"新旧并存，但彼此之间建立的融洽关系很少"时，就是一种安装策略。采用安装策略时，室内设计师会完全保留现有建筑物，并在其中放置新对象。这可以使新旧元素在材质和饰面方面产生有趣的比较，如材质光滑的新对象可以设置在具有粗糙纹理的旧内部空间之中。可能的情况是，首先执行修复、修整或翻新，只要主建筑物的工作完成，空间就可以开始安装新的部件。

　　就规模而言，设计所需要做的是保证现有建筑物的大小足以容纳新安装的装置。由于安装策略意味着主体结构与新引入的内部元素之间几乎没有关系，因此这种方法通常用于临时展览和活动。对于巡回活动，可以采用模块化

下图
婆坡广告公司在智利圣地亚哥的办事处于2008年完工，由哈尼亚·斯坦布克设计。设计师将玻璃和钢制物体安装在废弃盐厂的洞穴中，以创建更多私密空间。这些新元素的大小主要考虑响应其容纳的活动，与建筑围护结构的大小或形式没有直接关系。

结构，然后在下一个场所采用适合另一场地的不同形式。这种方法还可以用于零售设计，通过设计一组组件以赋予特定品牌一个内部标识，这些元素可以用各种方式组装和布置，以适应不同的场地条件。在这两种情况下，考虑兼容性是策略成功的关键之一：要确保装置与主建筑物之间的关系自由且"宽松"。另外，要考虑新安装元素在现有建筑物中的放置方式，就像房间里的一件家具，而这种关系是暂时的——一旦被移除，几乎不会留下任何痕迹。

左上图

甘德里和达克建筑事务所设计的"绘图员的手臂"，作为一个关于建筑未来的小型展览和讨论会的一部分，该展览在约翰·索恩设计的英国伦敦一座教堂的地下室举行。这个小型项目包括一个悬挂的物体，该物体悬停在空间中，作为展览的接待区，然后在讨论会期间用作酒吧。展览结束后，该结构被拆除，但建筑物保持不变。

上图

在英国伦敦的沃平项目（2000年）中，原始的水电站几乎未受影响，而餐厅空间通过像家具一样的室内元素建立。新的室内元素与旧建筑形成对比，可以随时去除，以保持原有建筑的完整性。

案例 安装

KMS 工作室，德国慕尼黑 / Tools Off 建筑事务所

左图

设计中保留了现存结构的状况和废弃工业建筑中的轻微腐朽结构。现有的折叠木门打开后会露出新的玻璃元素，这些元素会插入现有的开口中以创建不透风的内部空间，这个内部空间由安装在建筑中的一系列物体构成。

左下图

现有内部空间以简单的方式处理，具有与建筑物原始用途相适应的功能性美学。设计师创建了一个坚固且不奢华的外壳，其中包含新的内部元素。

下中图

当需要连接现有楼层时，将工业楼梯作为独立于建筑结构的"对象"。该楼梯可以看作是一个单独的预制实体，可以轻松地放置于其他地方。

下图

一块简单的黑板提供了在公司内部共享信息的灵活方法。它被放在茶点区旁边，可以根据需要用作菜单板或办公室规划图。黑板尺寸取决于材料的板材尺寸（相对于其后面的墙），将其随意地靠在建筑结构上，与静态建筑相比，强调了它的暂时性。

对于"安装"的项目来说，需要考虑室内元素的定位，要独立考虑这些元素的大小和形式。它们与主建筑物的尺寸关系或形式没有直接关系。这些元素或对象可以从建筑物中移除，然后放在另一个合适的室内空间中。

此项目于2000年由德国Tools Off建筑事务所完成，项目采用安装策略，在冗余的工业空间中设计创意工作室的内部空间。作为安装策略的一个佳例，该空间中安装了许多新元素。为了适应工业建筑的功能性美学，设计师使用了简单易用的原材料，为方案提供了一致的语

言。木材、金属和混凝土被用来体现特定的室内活动，并在空间中放置了一系列物体以满足用户的需求。每个对象都采用大胆且直白的形式，以确保新旧元素清晰地存在于建筑空间之中。

本方案的优点之一在于考虑了如何对待现有场地。精心设计的保护方案捕捉到了工业建筑的衰败之美，为设计师引入的新形式提供了完美的背景，这些新形式可以看作是美术馆中的雕塑。新旧空间之间的关系是暂时的，就像雕塑可以在任何时候从美术馆移走。

上图和右上图

特定的室内功能是由坚固材料制成的折叠面板定义的，与现有建筑物的状况相呼应。这些面板的尺寸是根据所满足的功能需求而确定的，与周围环境无关。图书馆由折叠生锈的金属面板构成，而折叠的混凝土面板打造出公共茶点区的空间。通过对比的材料建立了空间的不同功能区，又以一种共同的形式语言将元素统一为整体的一部分。

右图和最右图

图书馆空间和茶点区都"漂浮"在现有体量中。新元素和现有建筑之间的关系清楚地表明，相对于更永久的主建筑而言，室内装饰只是临时性的。

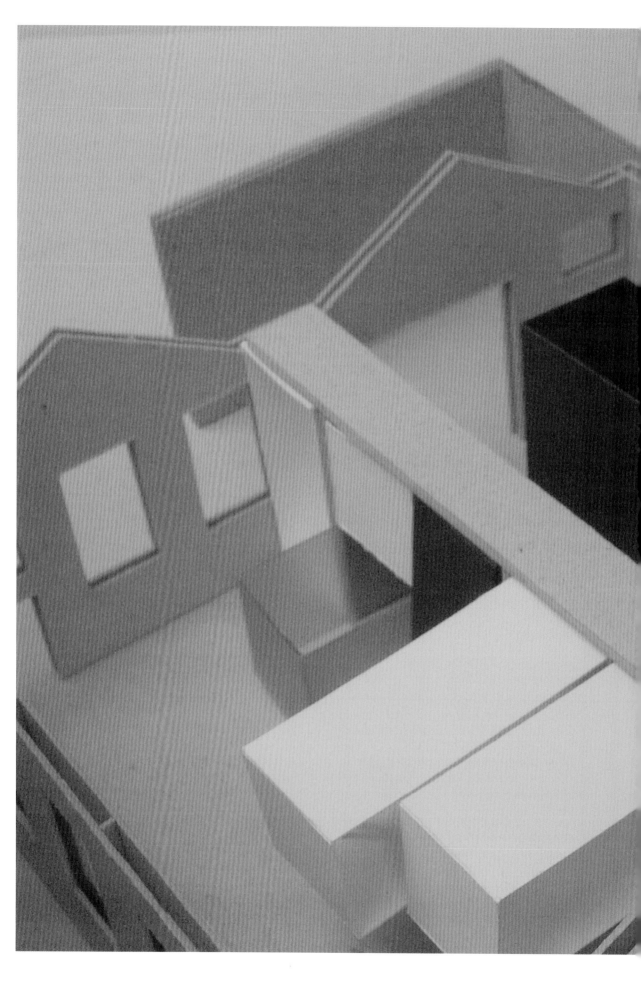

第 7 章
开发三维空间构成

引言

　　从本质上讲，空间规划就是让形状和大小不同的空间分别处于其合适的位置上。要使建筑物运作良好，功能设施的正确位置固然很重要。然而，在三维空间中工作也给设计师提供了一个机会，可以为特定的内部活动创造出令人兴奋和刺激的空间体验。任何给定的规划策略都可以通过无数种方式在三维空间中实现，室内设计师可以探索如何通过材料、形式和结构来创建空间构成，以使给定的规划策略生动起来。本章就将介绍室内设计过程中的这一三维空间构成问题。

上图
2012年，在代尔夫特的康比沃克公司，荷兰设计公司i29通过颜色的使用、垂直平面的组成、地板饰面的变化和家具的摆放，在开放空间中定义了不同区域。

这种方法创造了一系列复杂的空间，它们相互重叠和连接，有时具有私密性，有时又具有公共性。该方案探索了如何划分空间的"灰色"区域。

上图
位于美国纽约的三宅一生专卖店的柜台是由一个漂浮的立方体充当的，该立方体被安装在现场，作为一个"空间内的空间"。由于立方体不接触地面，它的出现挑战了传统意义上从地面向上建造的空间划分概念。将物体定义为以不同形式的面组合而成的立方体，探索其厚度以及如何使其更加"开放"或"封闭"等，创建了一个既具有雕塑性又具有功能性的体块。这家专卖店由好奇公司于1999年设计。

右图
2012年，呼吸建筑事务所完成了澳大利亚墨尔本梅尔维尔上尉餐厅和酒吧的设计。该餐厅位于一座1853年的建筑的延伸部分，它是这座城市的首家酒店，座位和桌子由开放式的金属框架构成，其形式暗示着这座城市最早的定居者居住的帐篷结构。这些元素与新扩建部分和现有建筑的建造方式形成对比。

定义空间

对于室内设计师来说，确定两个相邻空间以什么样的方式连接起来是最常见的任务。通常是通过不透明的、从地板到天花板的隔断墙来实现，从而产生了细胞状的盒子空间。这种方法在大多数情况下可行，但在需要用更模糊的方法来分割空间的情况下，就显得简单而笨拙。通高的不透明隔断对两个相邻空间施行的是一种"封闭"划分，而在地板上绘制一条线大概是将一个空间分隔为两个的最"开放"方式。就空间划分而言，这两个示例代表了两种极端的设计形态。对于室内设计师而言，真正的设计过程介于两者之间的"灰色区域"，这为探索空间的开放或封闭程度提供了无限的机会。如何通过开发有趣的方式来建立与众不同的空间涉及对材料、形式和结构的探索，仅这个过程就可能占用一位室内设计师一生的时间。

本页图

在左上角的图像中，一个简单的正方形空间被地板上的一条线一分为二；在右下角的图像中，一个完全封闭的框将一半空间封闭起来，完全不同于其他部分。在这两种极端之间，存在着更多模棱两可的方式。这些方式让空间变得多种多样，即有着无穷无尽的可能性，而这些方式的开发是室内设计师工作的主要部分。

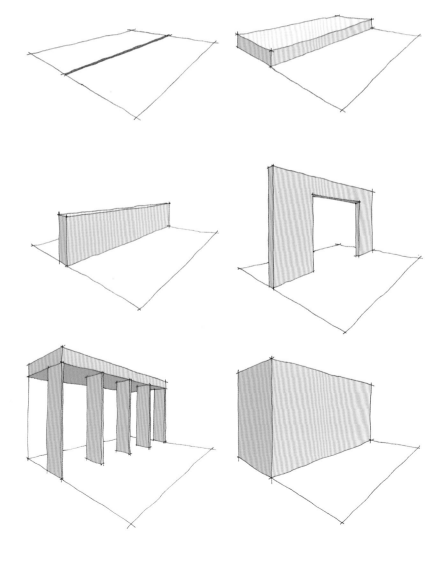

案例 空间构成

玻璃屋，美国新迦南 / 菲利普 · 约翰逊

玻璃屋始建于1949年，建筑师运用简单且纯净的几何形状，创建了一个周末度假所需的几何空间。在这座小型建筑中，运用了许多不同的空间设施来建立建筑围护结构和内部空间。菲利普 · 约翰逊说，这座建筑物的灵感来自对一座烧毁的木结构建筑的观察，那里剩下的只有砖砌地基和烟囱。玻璃屋的形式由两个积木状的元素定义：一个被架高的基础平面以及包含烟囱和浴室的圆柱体。架高平面位于基地平面的上方，由一个带玻璃外罩的钢框架包裹起来，建立了内部的空间。圆柱体被设想为"空间内的空间"，即被视为室内的一个独立对象，其位置经过精心设计，将空间初步划分为一系列相互连接的区域。通过建筑元素、室内元素和家具的垂直、水平平面来定义这些不同功能的区域，这些元素在建筑中发挥着各自的作用。

玻璃屋是20世纪最重要的建

筑之一，它像是没有外部墙体，只有室内空间的建筑，可以很好地融入景观之中，建筑物几乎是无形的。构成建筑物的元素成了室内设计师需要考量的范畴，如地板、天花板、橱柜、厨房单元、地毯、绘画、椅子、桌子和碗——在这里，它们都严格地遵循着空间构成的规律性。

上图
玻璃屋是一次关于现代主义空间构成的尝试，它允许以开放且相互联系的方式定义一系列独立区域。甚至连碗在桌子上的位置也被认为是构成的一部分，它为建筑物的平面图增添了灵动性。

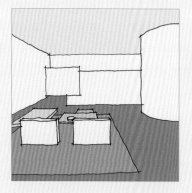

上图
建筑的基础面是用来连接整个建筑物的装置之一，定义了不同的内部区域以及这些区域内的活动。

上图
一系列不同高度的垂直面将空间分隔开来，使它们或多或少地相互开放。这些元素更多的是家具而不是墙壁。

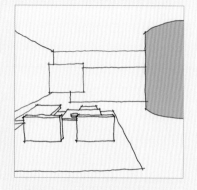

上图
圆柱体由与地面相同的砖砌成，包含了烟囱和浴室，是一个"空间内的空间"，其被小心地放置，以便清楚地界定出它和玻璃外壳之间的空间。圆柱体的大小、形状和材料使其成为房屋的主要元素。

空间对比

通过探索元素之间形成的对比，可以以趣味性的、不寻常的方式来定义空间的构成。能够采用的对比手段包括新与旧、明与暗、平滑与粗糙、光泽和亚光等。通过研究对比的极限值以及两者之间灰色地带的多样性，室内设计师可以在必要时实现平衡、和谐或者对立的空间构成。室内设计师在工作中可能会发现，最重要的对比手法是：

- 开放与封闭；

- 重与轻；
- 不透明与透明。

这些对比关系到空间的定义和空间之间相互联系的方式，以及过程中使用的材料。许多成功的室内方案都会在空间中创建一种构成感，这些元素在构成室内空间的同时也形成了一种对比关系——实际上，它们的相互关联性如此之强，以至于有时无法将一个从另一个里分离出来。

左图

2012 年，对于美国旧金山的这栋私人住宅，加西亚·坦吉迪建筑设计事务所将空间塑造成简单、牢固且"封闭"的。

左图

日本东京翠贝卡男士发廊的入口设计在内外的对比上玩味了一番。该空间由好奇公司在 2006 年设计，整个空间被玻璃隔断一分为二：内部与外部在物理上是封闭的，但在视觉上是开放的。接待台的形式向外凸出，而入口则通过简单的材料和颜色对比，以开放的方式定义；黑色矩形充当从外部到内部的桥梁（也解决了硬地板饰面和潮湿天气造成的实际问题）。最后，发廊的门（要打开的）是实心的，而安装着门的隔墙（关闭的）却是半透明的。

开放与封闭

如上所述，空间可以用多元化方式定义，在完全开放的和完全封闭的空间之间存在着无穷无尽的变化，这些变化在不同程度上处于开放或封闭状态。

用于定义一个空间与另一个空间之间距离的元素大小和形式是两个空间之间创建分隔的关键。由不透明材料制成的全高矩形隔板创建了"封闭"的空间划分。如果在隔板上开一个孔，则隔板的"封闭"程度会降低，而"开放"程度会增加。随着孔洞尺寸或数量的增加，隔板将变得越来越"开放"。创建空间分隔的材料是另一个因素：当引入透明、半透明或穿孔材料时，可以从物理上划分空间（彼此"封闭"），但在视觉或听觉上可以连接空间（彼此"开放"）。两个空间的物理或视觉连接的程度将由功能要求确定，也可能由指导方案的概念性想法确定。

左图

美国旧金山一家建筑公司的办公室是由琼斯 | 海都公司于2013年创建的。其工作空间由木质矮墙构成，有助于建立"封闭"的个人空间，同时允许在矮墙上方与同事进行轻松的"开放"式交流。

左图

伦敦塞尔福里奇百货公司的"奇迹之屋"里汇集了各种豪华的品牌精品店。2007年，克莱恩·迪瑟姆建筑事务所设计了这个室内空间，在房间的周边设计了优雅的鳍片墙。从正面看，鳍片的布置让后面的商店视野非常开放，但从侧面看，鳍片变成了一个屏幕，其后面的品牌消失了，焦点转向房间中心区域。

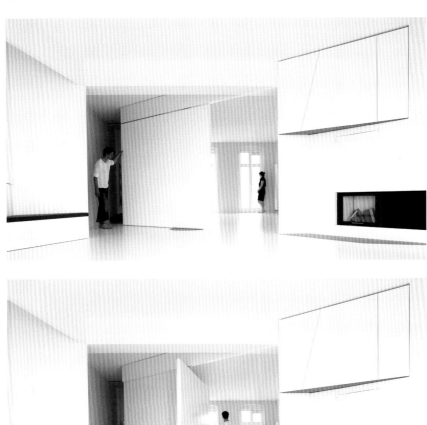

本页图

由荣哈特·荣格在2010年设计的德国柏林公寓中,一个旋转的面板使得这个隔断成为一个灵活的空间划分工具,可以通过多种方式来创建不同程度的分隔。

重与轻

　　室内设计师探索和把控形式、材料，以便在空间构成中引入关于"重量"的视觉对比。"轻"和"重"可以通过元素的比例、尺寸、质地、颜色以及其构造材料来实现。实心、不透明、厚实、亚光、粗糙及深色的墙壁将被认为具有重度的特质，而与之相比，透明、轻薄、有光泽、光滑和浅色的墙壁将被认为具有轻度的特质。室内设计师有意识地设计每个元素，让它们有助于整个空间的构成。概念想法和功能需求将有助于设计师确定方案的视觉语言和开发方向。

下图

2009年，在西班牙巴塞罗那的Lurdes Bergada & Syngman Cucala旗舰店室内设计中，Dear设计公司探索了一组重量对比的元素。服装被挂在优雅的轻质栏杆上，但建筑结构是深色且厚重的，而用木材打造的不规则多面体墙壁则填补了建筑构成的中间地带。

右图

男装设计师米歇尔·布里斯森的精品店位于加拿大蒙特利尔一幢20世纪70年代野兽派风格的银行大楼内。索西尔·佩罗特建筑事务所2011年的设计展现了原有混凝土结构的沉重感，并将其与新的背光半透明天花板的亮度进行了对比，而烟熏玻璃和镜面饰面则增加了中等重量的元素。

上图

该办公楼大厅由三个元素组成。一个带有光泽的围护结构，其中放置了两部垂直电梯，覆以深灰色的、带有纹理的石材，与其形成了"轻与重"的对比感。柔和、曲线优美和色彩丰富的大堂座椅与单色建筑形成鲜明对比，构成了Group 8公司2012年越南河内半岛广场酒店设计的第三个组成部分。

右图

在日本大阪公园的咖啡馆里，"漂浮"的线性照明装置创造了一个轻巧的对角线，与用来定义整个空间的较重平面形成对比。该项目由好奇公司在2009年设计。

不透明与透明

　　室内的透明度通常由划分空间的材料决定。有许多材料是完全不透明的，而有些则具有很高的透明度，例如玻璃和亚克力。对于室内设计师来说，在这两个极端之间有很多值得探索的地方。半透明材料允许光线通过，同时限制了能见度。对材料透明性或半透明性的感知依赖照明条件——有色玻璃可以随着照明的改变而变得完全透明，这就让我们有机会通过一个开关的开合将空间从透明（"打开"）状态变为不透明（"闭合"）状态，从而产生令人着迷的效果。

上图
2012年，由直向建筑设计事务所设计的位于中国天津的一幢办公楼中，其会议室周围是橙色玻璃制成的隔墙。材料的半透明特性使明亮的房间可以充当巨大的灯具，照亮周围的黑暗空间。

下图
约翰·波森在伦敦市中心为时装公司"拼图"设计的专卖店于1986年竣工，该设计中使用了不透明的建筑结构、半透明的蚀刻玻璃面板以及不透明的木材展示架。

上图
美国得克萨斯州麦卡伦公共图书馆使用了一种玻璃隔板，在就坐时的视平线以下完全透明，但上方却是半透明的，为人们提供了窥视空间的机会，同时也为那些在旁边休息的人提供了一定的私密性。该项目由MSR于2011年设计。

上图

作为2000年英国伦敦ARB（建筑师注册委员会）办公室方案的一部分，dRMM创建了一个由半透明波纹聚碳酸酯墙围合的中岛式会议空间。材料的轮廓因为它的透明度而增加了视线的多样性。垂直隔断与不透明的水平地板和天花板形成对比。

左图

1999年，好奇公司在美国纽约三宅一生专卖店的方案中通过对玻璃进行处理，让顾客在室内四处走动时能体验到玻璃的透明度也在不断变化。

空间构成

一位室内设计师开发一个空间的构成就像一个厨师在准备一顿饭：他们以一种特殊的方式结合了多种食材，创造出一种包含各种香气、风味、质地和色彩的菜肴。纯粹从空间构成的角度来看，一些基本元素构成了室内设计工作的基础，这些元素包括：

- 水平面；
- 垂直面；
- 梁体；
- 立柱；
- 拱门。

这些元素可以被适当地用于空间规划，从而定义和表达体量，并提供必要的形式，使内部活动能够按照建筑功能的要求进行。在设计过程的早期阶段，可以利用简单的示意图标示出这些元素，但随着方案的发展，它们的形式、比例、大小、材料、颜色、纹理和饰面将被细化，以实现更复杂的结果。

这些元素的基本形式可以通过对比的形式，如开放与封闭、轻与重、不透明与透明（如第115~121页所述），以探索其无限的可能性。

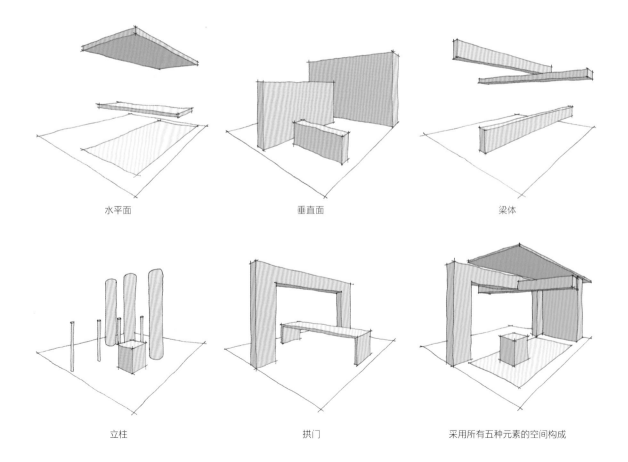

水平面   垂直面   梁体

立柱   拱门   采用所有五种元素的空间构成

右图

德克·威尔斯建筑事务所于 2011 年
设计了位于美国密苏里州斯普林菲尔
德的安迪冷冻公司的办公室。这个方
案将一个不规则的直线形插入物放置
于现有建筑物中。它包含了许多空
间，并以此定义了周围"剩余"的空
间。插入物的红色来自客户在其产品
中使用的樱桃商标的颜色。

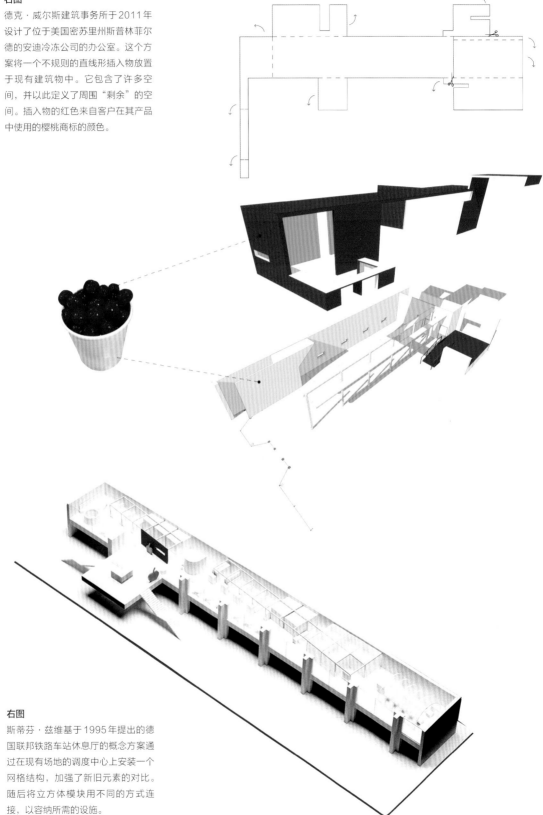

右图

斯蒂芬·兹维基于 1995 年提出的德
国联邦铁路车站休息厅的概念方案通
过在现有场地的调度中心上安装一个
网格结构，加强了新旧元素的对比。
随后将立方体模块用不同的方式连
接，以容纳所需的设施。

位于西班牙莱里达省的 B Mes R 29 建筑事务所的这个项目展示了如何将规划分析图发展为三维的空间构成。该规划策略将所有辅助设施（接待和等候区、卫生间、厨房及零售点）合并为场地中间的矩形空间，而将周围空间留作工作区。此矩形的位置及其与所在空间的关系共同构成了"空间内的空间"。二维的矩形可被视为三维的"盒子"，其定义和表达成为空间构成发展中的关键考量因素。

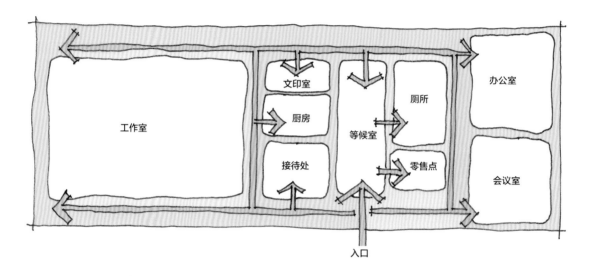

上图
规划分析图显示了空间的大小和位置，以及连接它们的流通路线。至此，已经制定了主要的规划策略，无需更改。

下图
对规划分析图的解读能够提供一个二维的形状。在这里，辅助设施被组合在一起，并被定义为一个橙色矩形，而周围的剩余空间则成为工作区。

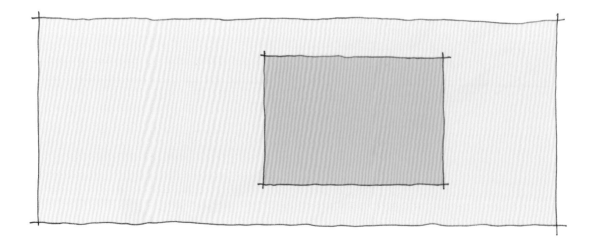

上图

模型和分析图可用于开发一系列空间构成，以完善二维图纸，它们将始终以某种方式与规划分析图中记录的策略相关。

下图

一旦建立了令人满意的空间构成，就可以将其形式转移回分析图中，并将其发展为更完善的规划策略。随着决策的制定和方案的进行，可以添加越来越多的细节（包括尺寸、厚度、门、家具、固定装置和配件）。

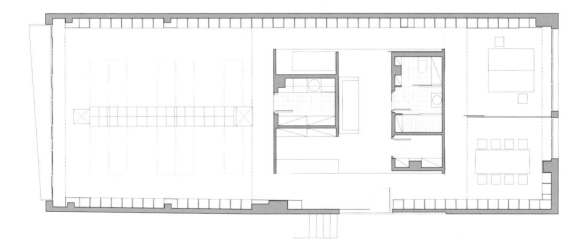

左图

豪勒＋尹建筑事务所在2013年为波士顿建筑师协会的新总部设计了该方案，其中光滑明亮的绿色平面从上层翻折下来成为楼梯，然后又向上折叠成天花板。空间的构成围绕着这个大胆的插入元素，它悬挂于美国波士顿的这座现有建筑物之上。

剖面图

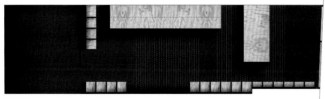

平面图

左图

"补鞋匠绅士"是位于澳大利亚悉尼的一家小店，专门修理鞋子、手表和皮革制品。其室内由垂直平面组成，这些垂直平面以不同的方式衔接组成排架，从而成为书架、工作台、柜台、展台和标牌。这是斯图尔特·霍伦斯坦建筑事务所在2011年设计的，整个店面的平面图和剖面图显示了该方案中构成组件的精确位置。

案例 空间对比

练习册精品店，加拿大蒙特利尔 / 索西尔·佩罗特建筑事务所

　　这家名叫练习册的精品店位于蒙特利尔的一栋历史建筑的底层。其2011年的设计方案是室内空间构成的一个很好的例子，包括许多简单元素（水平平面、垂直平面、梁体和立柱），这些元素形成了一系列大胆的对比，对于室内设计师而言，探索了许多可能的机会。旧与新、轻与重、黑与白、亮与暗、粗糙与光滑、色彩与色调都在这个商业零售环境中得到了探索。

右上图

从入口可以看到精品店内部的对比。一侧的墙是陈旧且黑暗的，带有粗糙的纹理，另一侧是崭新、明亮且光滑的纹理。光滑的天花板与亚光地板形成鲜明对比，从黑色变成白色，把人们吸引到商店的后部，而大部分悬挂服装的栏杆是由精致的白色金属组成的，提供了一种轻盈的触感。最后，现有的铸铁柱被漆成红色突显出来，和周围的单色环境之间建立了另一种对比。

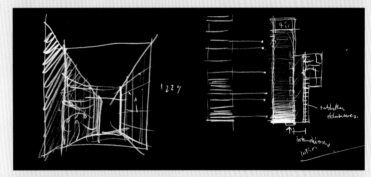

右图

这些概念草图展示了在剖面图和平面图上进行对比的尝试。

右图和最右图

在"沉重的"现有墙（其粗糙、随意的纹理被涂成深灰色）与新插入的"轻质"展示墙之间形成了强烈的对比，后者有着清晰的线条和白色饰面。墙壁的细节强调了这些元素游离于地板和天花板之外的想法。

STEP BY STEP 探索性模型制作

模型制作是室内设计过程中一个重要的部分，对于经验不足的设计师来说尤其重要，因为他们对二维平面转换为三维空间构成的经验较少。根据图纸制作模型时，大多数人的本能反应是使用白色卡片将线条转换为墙壁，这可能会导致相当乏味的细胞空间构成。对于室内设计师而言，其乐趣在于发现定义和表达空间的新方法，而探索性模型制作可能是这项工作的关键。它允许自由地制作许多模型，以探索一个制定好的策略在三维空间中的不同表达方式，然后结合其中最成功的一个来形成更好的方案构成，并进一步推进方案。

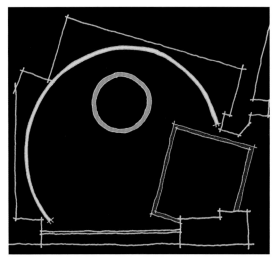

1 可以通过规划分析图来创建关键形状和线条的二维组合，这是一系列潜在三维结构模型的出发点。

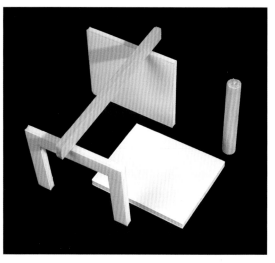

2 立柱、梁体、拱门、水平面和垂直面是用来定义室内空间的元素，尝试自己制作组件，然后利用它们，以多种方式来表达一个二维组合。

3 可以使用各种各样的材料来探索模型中的透明度、穿孔、纹理、颜色、图案和饰面。

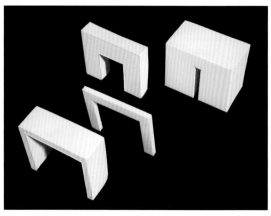

4 在探索模型中尝试不同的材料选择、尺寸、厚度和纹理。在组成的不同元素之间建立对比，以研究诸如轻与重、不透明与透明以及开放与封闭之类的问题。此图显示了不同厚度的拱门。

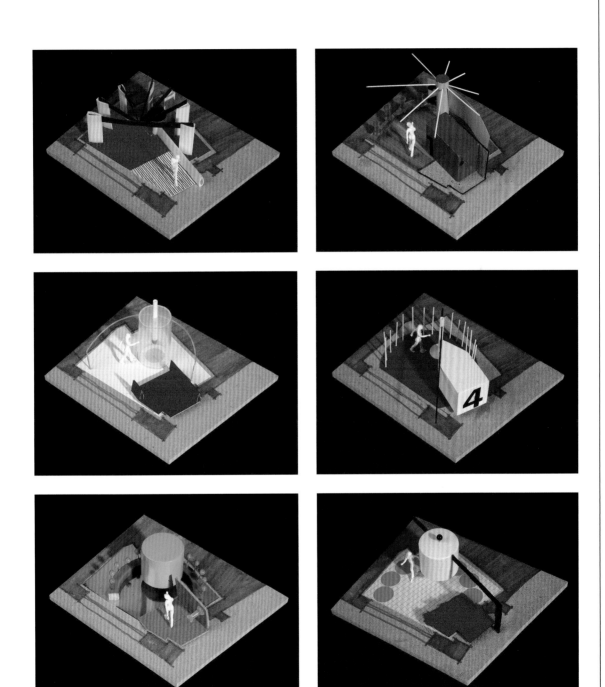

5 在这个过程中，一系列的模型以不同的方式探索相同的二维组合（在每个模型的基础上绘制平面图），以产生潜在的三维空间构成。设计师在此阶段进行的尝试越多，就可以越好地结合这些模型的有趣方面，以创建可以进一步发展该方案的其他模型。

第 8 章
剖面设计

引言

大多数室内设计师会将平面图作为开发建筑空间组织的主要工具,虽然这是一个通常的做法,但并不总是可取的。这种方法可能会导致室内设计枯燥且缺乏空间趣味,如果将剖面设计与平面图结合考虑,则大多数项目都将受益。事实上,在很多情况下,空间组织均是关于剖面的形式,而平面图是根据剖面中所做的决定而产生的。

在根据剖面开展工作时,设计师可以考虑现有建筑物的三维形态。一些建筑物本身由一些有趣的体块组成,设计师应该了解它们,才能做出合适的设计;而另一些建筑物可以称之为"空白画布",在这种情况下,设计师的任务是通过改变剖面结构来为体块注入空间的趣味性。本章将论述剖面在三维规划过程中的重要性。

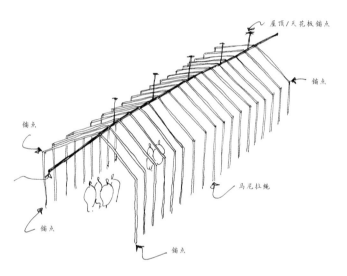

本页图

EAT建筑事务所的早期概念草图中显示了他们于2008年为澳大利亚维多利亚州的一家日本餐厅"前田清酒和烧烤"设计的方案是如何为剖面形式所推动的。一个简单的平面和无特征的场地通过一个剖面被赋予了一个明确的标识,而这个剖面的设计唤起了传统日本住宅的概念。其形状是由拉伸绳索构成的重复元素围合起来的,灵感来源于传统清酒包装。

控制体量

在考虑剖面的布局（相对于平面图的布局）时，室内设计师可以改变建筑物的组成部分。比如，移除楼板形成更大的空间，楼层之间的连接就有了很多的可能性，由此产生的高度对比可以在建筑物内部形成一定的空间关系。作为一种探索空间垂直联系的方式，剖面还可以让室内设计师尝试如何在同一楼层上的不同空间之间建立水平联系。

当项目是一个单独的空间时，因为剖面允许设计师修改空间中不同部分的高度，同时也就提供了一个机会来考虑如何对空间的形式和形状进行塑造。在某些情况下，这将是对现有建筑轮廓的回应（可能已有一些连接），或者赋予平淡的外壳一些特征。

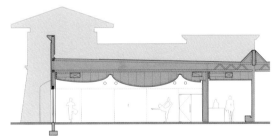

左图

美国建筑师尼尔·德纳里经常基于剖面来探索项目。1996年，他为日本东京设计了一个建筑和设计画廊，它是一个位于典型城市街区的三层空间。在这个项目中，一个折叠平面被插入空间，重新定义了体块的形状。

上图和右上图

在美国亚利桑那州吉尔伯特市的一家商业综合建筑群中，德瓦瑜伽占据了一座价值不高的建筑。2008年，空白建筑工作室对这个缺乏灵感的空间进行了改造，创建了一个瑜伽工作室，以促进冥想和沉思为特色。设计师引入了一个异形天花板，该天花板由三个圆柱状倒置拱顶组成，贯穿整个空间。除了赋予视觉上的趣味性外，天花板还可以为服务设施提供空间并控制自然光线和音响效果。

右图

2007年，针对美国纽约洛夫特尔酒店的方案中，建筑师乔尔·桑德斯通过复杂的剖面形式将三维连接引入线性平面，创造了一个地下休闲空间。自然光和人造光通过设置在人行道和餐厅地板上的玻璃块引入，而理疗室的外部轮廓悬挂在两层高的空间中，在游泳池上方创造了一个下沉式天花板，而游泳池则是从地下挖出来的。空间的垂直和水平连接在这个空间中都得到了体现。

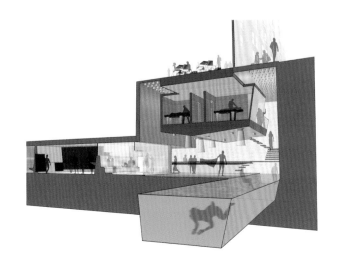

STEP BY STEP 探索剖面带来的机会

在专注于现有建筑物时，剖面改造是重要的步骤，它使设计师能够快速而清晰地探索场地的潜力。

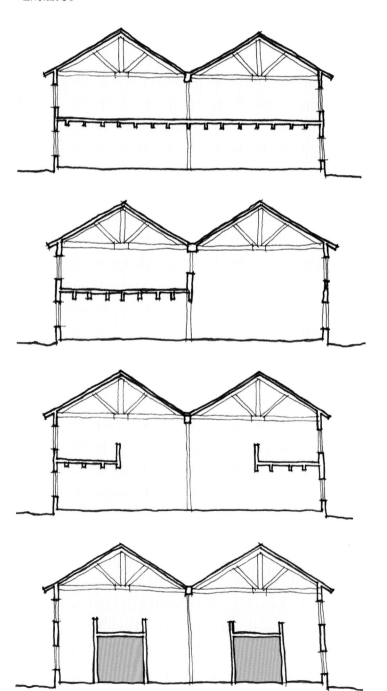

1 **了解现有状况：**这个案例显示了一个两层建筑物的剖面。在每一层，矩形的开放式地板都由一排集中的立柱和两组斜屋顶划分为两个相等的区域。从这个点出发，就可以有条不紊地研究控制该剖面的方式。

2 **移除一半楼层：**通过移去第一层的一半楼板，我们就在一个两层高空间的相邻空间中创造了一个夹层。此策略可应用于剖面的任何一侧。

3 **移除楼层的中央部分：**根据建筑物的结构，可以移除第一层的中间部分，从而在中央的两层高的挑高空间的两侧创建一个阳台空间。

4 **移除整个楼层：**整个一楼都可以被移除，从而形成一个大的体量。一旦确定了这一点，可能会引入额外元素来充当"空间内的空间"，以形成新的楼层和细胞空间。

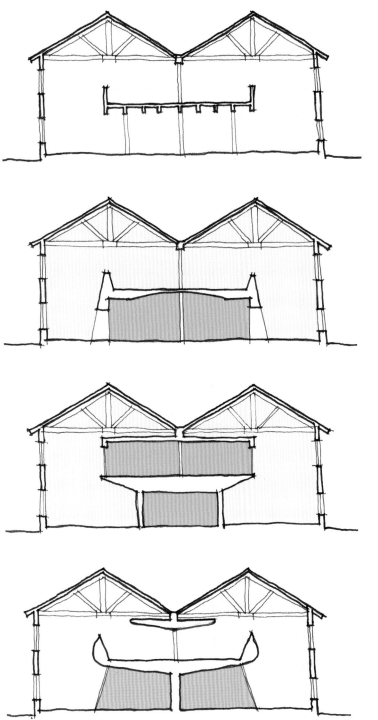

5 移除外围的楼层：现有建筑物的结构可能允许拆除建筑物楼板的周边的部分，留下一个与底层有视觉联系的中央夹层。

6 形式研究（1）：倾斜的柱子支撑着中间的夹层，而其下方的半封闭空间则包含了一个拱形天花板。新元素的形式与现有建筑物形成对比。

7 形式研究（2）：或者，上层可以被设想成一个单独的封闭体块，有自己的天花板和玻璃墙（在保持某些视觉联系的同时提供物理隔离）。在底层，一层底部呈锥形剖面，以在封闭的中央空间内创造更多的亲密感。

8 形式研究（3）：另一种方法是控制方案中体量的形状，以便为相关活动创造适当的空间。空间的形式可以根据需要倾斜或弯曲，该剖面提供了将空间多样性引入方案的机会。

案例　剖面设计（1）

金丝雀码头地铁站，英国伦敦 / 福斯特建筑事务所

该地铁站于1999年开放，作为银禧线延伸的一部分，为进入伦敦码头区的新商业区提供了通道，并被规划成为伦敦最繁忙的高峰期车站。车站占地长300米，两端设有玻璃天棚——吸引人们观看并将光线引入下面的主大厅。在地面层，地铁入口之间有一个景观公园。地下部分位于原西印度码头的中空处，内部空间通过"切割和覆盖"技术建立。室内剖面被雕琢成清晰、简单的平面。底层地板较窄，而上层地板则是宽阔的。车站通过将自动扶梯集中放置并将便利设施放置在主大厅周边，建立了一种简单并清晰的流通策略。这个剖面方案还为建筑服务设施留出了空间，并设有维修通道，以使维修工作不会妨碍乘客。

上图
由于主大厅巨大的规模和拱形剖面，使其具有大教堂般的特质。

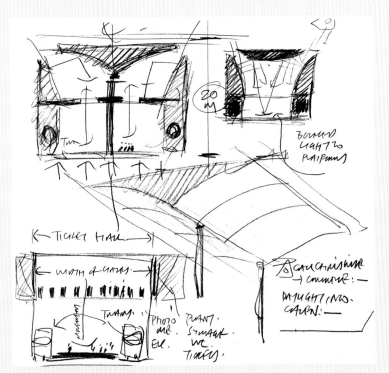

左图
早期的草图显示，其内部是由重复的模块组成的，且此类模块已在剖面中得到应用。拱形肋骨从中心梁上伸出，形成拱形的屋顶结构。

下图
这幅图显示了室内空间布局是如何围绕剖面组织的。在站台层，单一中央站台为两个方向的列车服务。中央自动扶梯将乘客运送到主大厅，中央柱子帮助确定"进出"的流通路线。服务设施位于主大厅的周边，以保证其畅通无阻。

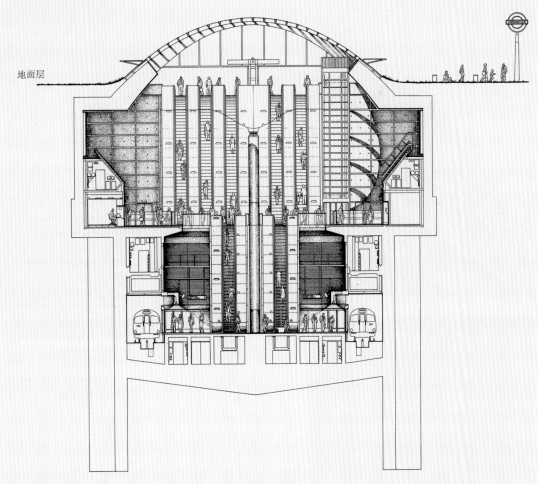

地面层

简单平面图，复杂剖面图

　　室内空间通常是一个非常简单的平面图，但其剖面却是一个更复杂的空间规划问题。勒·柯布西耶在法国的马赛公寓（1952年）是剖面设计的最好案例之一，其剖面比其相对简单的平面图要复杂得多。

　　从外部看，马赛公寓是个典型的17层住宅楼。在平面上，建筑物的主体是一个细长的矩形，其长度大约是宽度的六倍，沿南北轴线布置。简单的规划配置将公寓以线性组织的形式布置在中央的"内部大道"周围，为电梯和楼梯提供通道。走廊的一侧有29个矩形公寓，另一侧有电梯和楼梯，并在该侧留有25套公寓的空间。大楼的平面图简单明了，但剖面的组织方式却极具趣味性，巧妙地解决了实际问题。按照一般逻辑，一栋17层的建筑应该有17条通道，那么仅有5个通道配置（分别位于第二、第五、第九、第十二和第十五层）显然不够。但在这栋大楼内部成为可能，建筑物的剖面被设想为一个三层模块，重复了五次。每个三层模块包含两个公寓，在剖面中被配置成两个L形的体块。这些成对的L形公寓围绕一条内部大道交错，连通走廊一侧的公寓通向较高层，而连通另一侧的公寓通向较低层。另有两层（分别位于七层和八层）的房屋服务空间，包括酒吧、餐厅、商店、酒店和商业办公室。

　　剖面巧妙处理的结果是，公寓在两方面受益，东向的空间可以享受早晨的阳光，西向的空间则可以享受午后的阳光。

左图
勒·柯布西耶的马赛公寓的直线形外观掩盖了其用于组织内部环境的剖面的复杂性。

左下图
底层混凝土墙上的示意图向建筑物使用者展示了公寓剖面的原理，显示了其朝向以及公寓和通道的巧妙布局。较高和较低的弧线分别代表了太阳在夏季和冬季的轨迹。

右图
建筑物示意图显示了成对的L形公寓，它们围绕内部大道环环相扣，形成一个三层的模块，重复五次，其服务空间位于第七层和第八层。

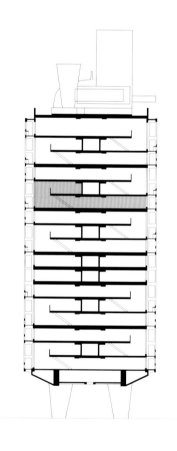

案例　剖面设计 (2)

牙科手术诊所概念方案 / 山姆·里斯特（英国金斯顿大学）

这是位于一个地下室的私人牙科诊所，是英国伦敦市中心一个规划中的办公开发项目。本项目的解决方案由两个剖面的因素推动，一个是概念性的，另一个是实际性的。

首先，设计师提出了一个概念性的想法，天花板在牙科手术中对患者很重要，因为在治疗过程中，仰卧的姿势将他们的注意力集中在头顶活动上。因此，设计师提出了一个方案，就是使天花板成为一个三维的、经过调节的"倒置景观"，这个过程有必要对剖面进行研究。

由于诊所必须从街道下行进入，因此方案的一个关键是建立一楼的入口和开发通往地下层的垂直流通路线。由于这个项目是一个新建办公楼，设计师提议地下室空间应该与底层零售空间之间建立联系。因此，在开发连接形式以及楼梯、电梯的配置时，剖面的设计需要被首要考虑。

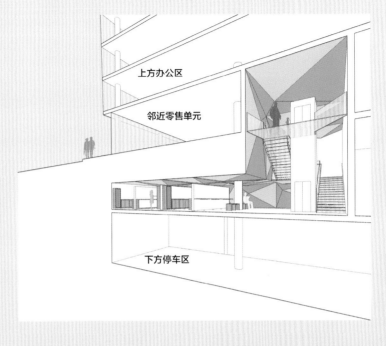

上图

剖面图显示出绿松石天花板是本设计方案的主要元素。其由三角形面板组成，排列成一系列相互连接的不规则金字塔形，该特色天花板主导着原本平淡无奇的地下室空间，并控制着平面的布局。

下图

入口和楼梯的剖面图显示了连接地下室和街道的新空间。地下室的天花板先折叠出空间的墙壁，然后再次折叠成为一个从建筑物中伸出的入口天棚，便于访客进出。访客可通过楼梯或电梯下行，并在接待处逗留。

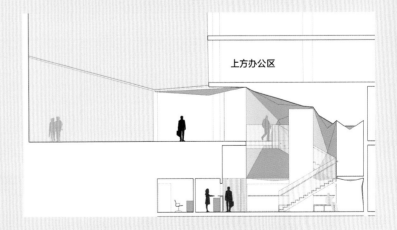

呼应现有场地

室内设计师通常会对现有场地做出设计上的呼应，将该部分作为一种手段引入到原本平淡的空间中。这个过程包括覆盖或增加现有内容。当现有建筑物呈现出具有一定明确趣味性的部分时，设计师便可以利用其所提供的机会。这通常涉及对场地的理解，以及对重要元素的理解。建筑物的直接环境很重要，因此，理解以下问题很有价值：

- 建筑物如何与邻近建筑或周围景观联系起来？
- 是否应建立或消除某个景点或远景？
- 现有区域如何响应建筑物的朝向？

一旦了解了建筑物与外部因素的关系，从内部结构的角度来分析剖面就变得很重要。因此，对以下问题的理解将对设计有帮助：

- 建筑内现有楼层如何发挥功能？
- 现有剖面的形式是否会影响对现有场地的响应？
- 现有元素（如屋顶桁架、柱、梁和孔）是否会影响剖面设计？
- 建筑物结构将如何影响剖面的改建？

在了解了这些背景问题之后，室内设计师可以制定一个方案：仅拆除现有建筑物的一部分，通过向现有剖面中引入新元素或两者结合的方式来控制该剖面。

下图
该学生项目是一个浴室配件展示厅，位于英国伦敦沃克斯豪尔车站拱起的铁路地基下。通过横贯两端的剖面图，建立了内部空间与邻近街道和铁路轨道之间的关系。

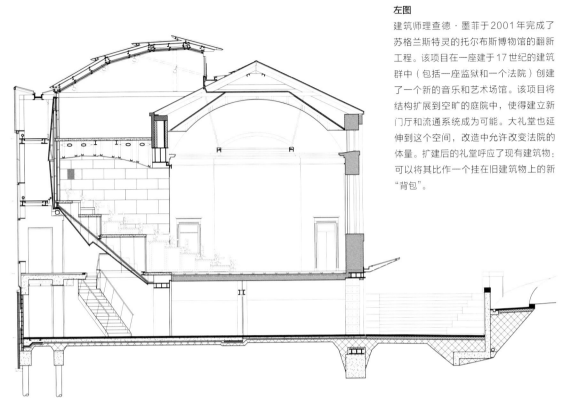

左图
建筑师理查德·墨菲于2001年完成了苏格兰斯特灵的托尔布斯博物馆的翻新工程。该项目在一座建于17世纪的建筑群中（包括一座监狱和一个法院）创建了一个新的音乐和艺术场馆。该项目将结构扩展到空旷的庭院中，使得建立新门厅和流通系统成为可能。大礼堂也延伸到这个空间，改造中允许改变法院的体量。扩建后的礼堂呼应了现有建筑物；可以将其比作一个挂在旧建筑上的新"背包"。

左图
该学生项目的场地位于英国伦敦皮卡迪利大街的一所前银行大楼。由埃德温·卢滕斯设计，旧的银行大厅是一个立方体，其下半部分衬有深色木材；窗户位于大厅被粉刷成白色的上半部分，因此在剖面中呈现出两个不同的现有区域。针对这家专做男士服装的店铺，室内设计师依据场地条件在中间层插入新的楼层，创建了一个深色的底层零售区和一个浅色的夹层，在这里定制西装时可以利用自然光线。该方案便是基于现有剖面而制定的。

剖面模型

在考虑建筑物的空间组织时，室内设计师可以通过两种方式来利用剖面模型：作为设计过程的一部分和作为展示工具的一部分。

作为设计过程的一部分时，剖面模型是思考具有趣味性的三维方案的有效方法。当室内设计师为方案的同一部分制作多个简单的剖面模型时，可以迅速得到一种方案，并探索此剖面方案的多种可能性。进行的探索越多，获得满意结果的可能性就越大。根据项目的概念，可以选择不同的方法处理这项工作。如果设计师采用"插入"或"安装"策略，则可能会在现有建筑物中制作一个剖面模型，并进行大量探索以测试其影响。如果选择了"干预"策略，则可以利用制作许多剖面模型来探索现有建筑物结构增加和减少的情况。在这种情况下，将剖面制作成较长的"模件"更容易操作，然后再将其切成较小的剖面，从而加快加工速度。

本页图

作为设计过程中至关重要的一部分，学生对机场免税店的方案通过一系列剖面模型进行了探索，从最初的初步设想发展为更深入的研究。简单的直线体块的形状被改变了，随着方案进一步确定，发展出更多的细节。

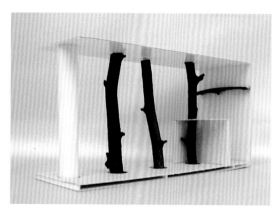

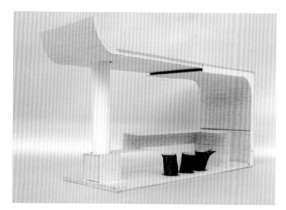

最左图

学生的剖面模型展示了
美发厅方案的一部分，
成功地传达了夹层和地
下室之间的空间关系，
以及关于建筑围护结构
处理的细节。

左图

贯穿整个建筑物的剖面
模型清楚地展示了学生
对餐厅的空间布局。

左图

这个展示模型由一群学
生制作而成，以加深他
们对工作场地的理解。
后期在展出的时候，将
模型布置在道路两端，
以便参观者可以在两个
部分之间行走。

　　剖面模型可以作为一种展示工具，以清晰
有效的方式传达最终的设计方案。空间的剖面
模型可以使观看者欣赏到设计好的空间的样子，
并提供了一个将新的内部空间置于主体结构及
其所处位置的环境中的机会。模型说明了内部
空间与现有建筑物及其周围环境的关系。

　　为使模型更直观，呈现时最好是使观看者
的视线高度与模型中的人物视线高度一致。这
有助于观看者与室内空间互动，并激发他们
"居住"于其中的感觉。

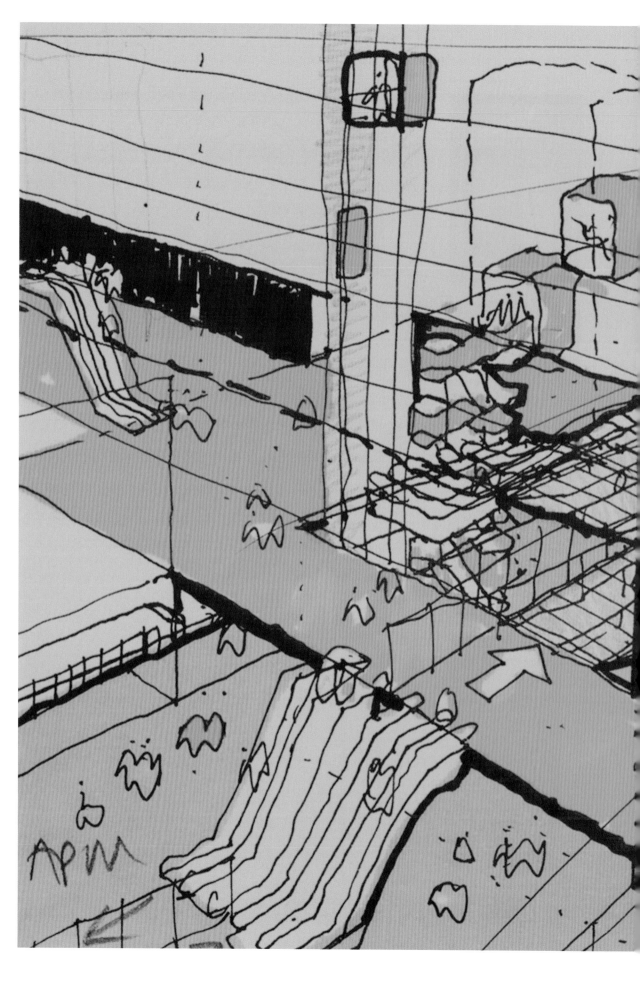

第 9 章
表达你的设计

引言

室内设计师通常要为展示他们的方案准备许多资料，而这些资料可以有许多不同的呈现方式。在项目开始阶段，设计师需要对场地和建筑方案做细致的了解；在项目中间阶段，应传达概念性想法和主要的设计创意；而在项目结束时，需要整理有关细节的复杂信息。此外，室内设计师要和许多不同的人进行交流，这些人员拥有着不同的专业知识和理解能力。设计师可以在与同事进行非正式讨论的过程中制作图纸，以便在内部团队会议上交流想法，使相关设计学科的专业人员可以了解项目或向例如竞赛评审小组这样的同行展示。室内设计师准备材料是为了向客户或公众展示方案，而这两类人员可能看不懂设计图。

呈现这些资料的状态与交流手段有关。在项目早期阶段，方案更为开放化，该阶段的任务可能是提出各种各样的想法，而这些想法很有可能难以实现。在这时需要以一种宽松的方式来呈现想法，以便讨论。在过程中过早地呈现非常精美且正式的图纸是不明智的。一旦方案制定并被批准，成品也就有可能定下来。

一般的经验是，最好从简单的信息开始沟通，一旦多方达成共识，就可以将其发展为更复杂且更详细的内容。传达室内设计工作的成功关键是确保所用的传达方法适合项目的阶段、所讨论方案的质量以及观看这些资料的受众。本章将讨论室内设计师可以用来帮助传达建筑物空间组织的一些形式。

右图
英国伦敦泰特美术馆的这幅图是由卡特里奇·莱文和麦耶斯考夫工作室于2012年设计的，旨在协助游客找路。由于其目的是使公众清楚地了解建筑物的工作原理，所以这幅图在有效传达建筑布局方面对室内设计师有很大的帮助。该图必须说明空间和垂直通道的复杂排列——它使用剖面图、颜色、符号和文字来确保信息更容易理解。

实用的图纸类型

室内设计师可以使用各种不同的绘图类型来沟通方案。最常见的形式是：

- 分析图；
- 平面图；
- 剖面图；
- 轴测图；
- 透视图。

这些图纸类型都很重要，但是项目的性质（场地的形式以及就其开发所做的决定）将决定在不同时间，哪些图纸类型更合适。平面图是沟通过程中必不可少的部分，但在某些情况下，用轴测图这样的一个三维图就可以轻松地说明一个方案。

在准备演示文稿时，设计师可能会在未经充分考虑的情况下绘制一系列图纸，之后才思考需要传达的内容。对于设计师而言，明智的方法是在流程开始时分析方案，确定哪些方面很重要并需要解释，然后准备适当的材料来支持项目口头陈述。这通常会使演示文稿更有条理，而无需做过多的准备工作。

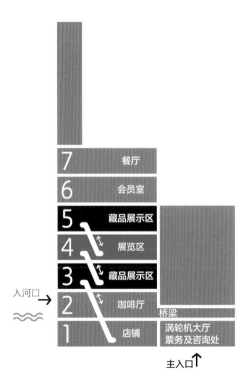

分析图

在某种程度上，所有的室内设计图纸都是一种对拟建现实的抽象表现。术语"分析图"被用来描述这种抽象表现是如何通过图形简单表示，并且清晰地传达复杂的思想和关系的。

建筑物的空间结构往往是复杂和难以理解的。室内设计师利用分析图来简化信息，轻松地传达基本原理。这些图可以利用图像来说明信息，它们可以是二维的，也可以是三维的，通过使用轴测图或透视图来剖析方案的本质。分析图通常同时依赖于图像和文本，如果分析图可以清晰地交流而无需文字，那么它将更加成功。

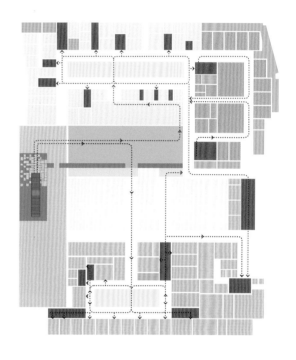

下图

"精致办公"是新加坡的一个共享工作区，其中包含一家IT公司和一家多媒体公司。其内部空间由SKLIM工作室于2010年设计，而本图利用轴测图解释了空间组织背后的策略。

右图

用颜色将空间划分成不同的区域，并确定不同的流通路径，以试图阐明韩国首尔江北三星医院的复杂规划，而该医院由柳贤俊建筑事务所于2010年设计。

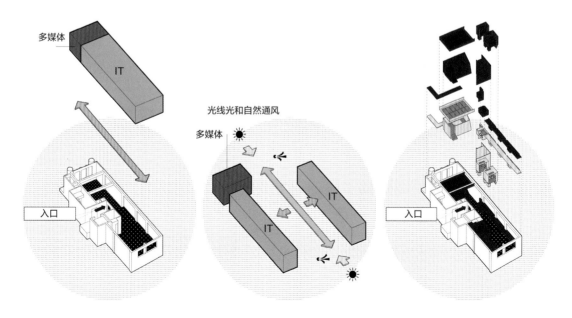

平面图

平面图用于传达室内空间的水平关系。平面图是二维测量图，是通过对建筑物（或设计方案）进行水平剖切并记录位于该剖面以下的所有内容而创建的。通常，剖面在地面上方约1米处。平面图是设计师使用的正交投影的一种类型，使用正确的线宽和建筑元素（如门、窗和楼梯）来绘制平面图很重要。

室内设计师的大多数空间组织工作以1∶100或1∶50的比例绘制。对于极具图解性的工作，设计师可以使用1∶200的比例，但是小比例很难保证最终有效的设计结果。随着方案的开发，将以1∶20的比例扩展，使设计师能够解析更多细节。平面图上显示的信息量将取决于项目阶段、图纸目的及方案性质。在早期设计过程中，平面图通常是很粗略的，仅可传达空间相互关联的方式。随着方案的开发，将添加更多有关元素的确切尺寸和形状、家具布置、地板图案和材质的信息。

平面图可以是简单的线条图，以传达有关方案的信息，或者室内设计师可以使用阴影和颜色来更好地表达方案的氛围和特征。如果建筑物具有多个楼层，则设计师要绘制每个楼层的平面图。当这些平面图绘制在同一张纸上时，通常布置在相同的方向，较低的楼层平面图位于底部，其他楼层的平面图在上面依次排列。

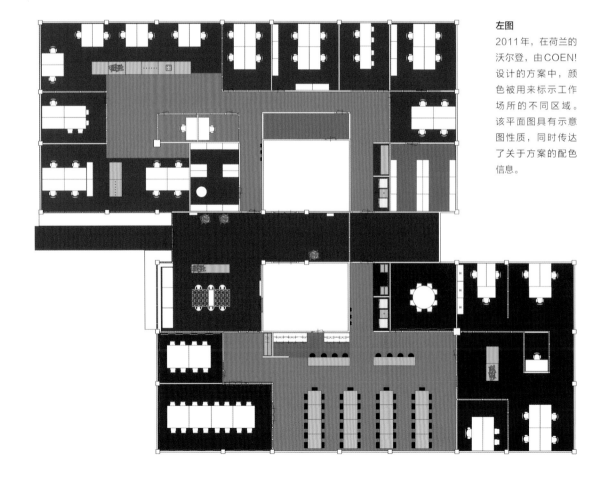

左图

2011年，在荷兰的沃尔登，由COEN!设计的方案中，颜色被用来标示工作场所的不同区域。该平面图具有示意图性质，同时传达了关于方案的配色信息。

右图

罗伯特·古尼绘制的简单线条图展示了这座位于美国华盛顿特区的改建住宅的规划布局（2011年）。平面图如此布置的目的是为了使楼层的布局易于理解——住宅的下层图位于底部、入口层图位于中部、上层图位于顶部。

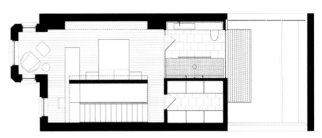

上层平面图

入口层平面图

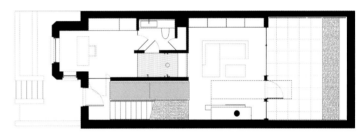

下层平面图

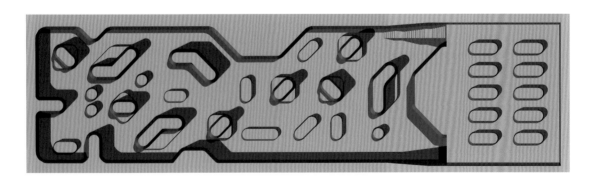

上图

客户经常看不懂平面图，但是阴影投影使莱瑟尔建筑事务所于 2007 年在西班牙希洪劳动艺术中心的展览平面图有了一些三维表达，可以帮助客户理解和增加兴趣。

剖面图

　　在室内设计方案中，剖面图被用于传达空间之间垂直的关系。剖面图一般会表达方案的两个方面：有关体量的轮廓以及对该剖面中包含的内部的处理。通过在建筑物中截取垂直切片并记录切割线之外的所有内容，可以创建这些二维测量图。在确定剖切面的位置时，设计师必须确保其能够传达方案中的适当元素。与平面图一样，剖面图是室内设计师使用的正交投影类型，而且必须使用正确的线宽和标准来绘制剖面图，这一点很重要。

　　可以使用1∶100的比例来传达基本的室内设计信息，而大多数室内设计方案用1∶50及1∶20的比例最好。与平面图一样，比例会随着设计过程的进行而扩展，因为比例越大，显示的细节越多。

　　剖面图可以是简单的线条图，但是对于未经培训的读图者来说，这些图很难读懂。为了加深理解，可以同时展示平面图和剖面图，也可以通过渲染后的室内立面图（剖面图）来显示相关空间的更多细节。

下图
这幅于1778年由意大利罗马万神殿的约翰·索恩爵士绘制的画作，展示了一个剖面是如何表现室内的体量轮廓（此处以粉红色标出）及其立面细节的。在这种情况下，细部图和阴影有助于说明弯曲的平面和穹顶形式。

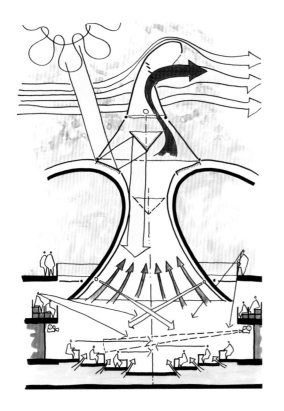

左图
手绘剖面图是一种有价值的设计工具，能够用一种用户友好的方式呈现复杂信息。如本图所示，罗杰斯·史达克·哈伯建筑事务所解释了位于英国加的夫的威尔士国民议会厅的日光和自然通风情况（2005年）。

下图
乔尔·桑德斯建筑事务所在2004年设计的概念混合住宅中提出了一种方案，通过小孔捕获周围环境的声音，允许用户在室内创建环境音效。这里用剖面图作为图解来解释该方案的原理。

下图
罗伯特·古尼建筑事务所绘制的简单线条图显示了位于美国华盛顿特区的这座改建住宅的现有剖面图（左）和设计后的剖面图（右）（2011年）。设计后的剖面图给出了内部空间立面的信息，显示了板材尺寸、它们的布置以及与新屋顶采光的关系。

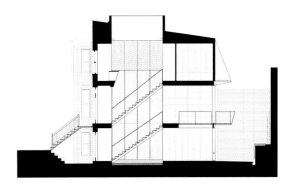

轴测图

对于不熟悉设计图图例的人来说，看懂平面图和剖面图很困难。这些图纸类型仅记录了其所表示的三维空间的一部分信息。平面图和剖面图只有在相互配合的情况下才能描述完整的建筑情况。轴测图有助于缩小室内空间二维展示和三维展示之间的差距。由于轴测图是现实中无法感知的视图，因此具有局限性，但是其作为图解的优势使其成为解释建筑物空间组成的有力手段。

轴测图是概述方案空间组成的良好方法，可以整体显示大型和复杂的建筑物。在分解轴测图的同时也分析了其中的不同元素，以增强对已确立的空间关系的理解，同时在表达上仍保持建筑的完整性。分解的轴测图可以将天花板从图纸上"剔除"，从而可以清楚地看到内部的其余部分。

与所有图纸类型一样，线条的运用取决于项目的具体情况——手绘或草图轴测图是项目早期的有效工具。

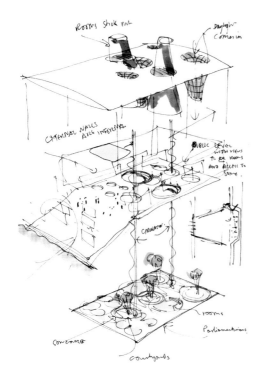

左图

罗杰斯·史达克·哈伯建筑事务所的早期概念草图使用分解轴测图来探索英国加的夫威尔士国民议会厅的设计原则（2005年）。

下图

这张分解轴测图解释了德克·威尔斯建筑事务所在美国密苏里州的工作室的方案，利用简单的黑色线条来显示现有场地，并使用彩色块突出显示新安装的元素（2007年）。

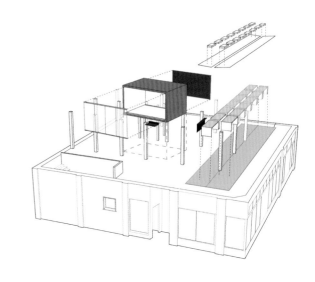

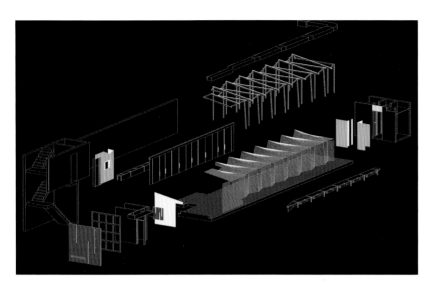

左图
伍德沃克是印度德里的一家展厅，旨在以木材作为室内装饰。威尔·穆勒建筑事务所的这张2010年的分解轴测图将室内的组成部分作为单独的元素，它们结合在一起构成了完整的方案。

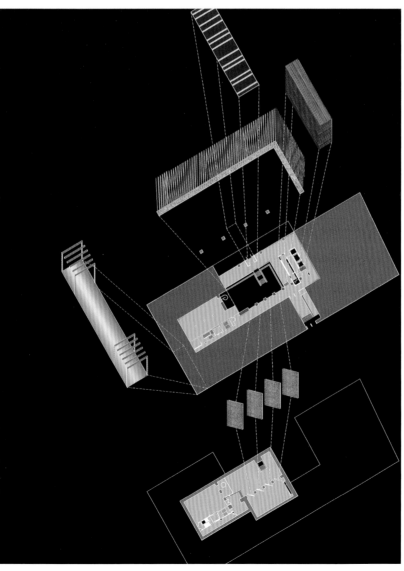

左图
位于美国密尔沃基的伯莱兹是一座多功能建筑，它的前身是伯莱兹啤酒厂大楼。在2007年，约翰森·施马林建筑事务所对其公共流通空间进行了改造，这张分解轴测图显示了该方案是独立插入物的集合，这些插入物是根据现有建筑物的限制而放置的。简单的体块颜色用于为每个元素编码。

透视图

透视图也许是最有利于非专业人士理解的专业图纸，它提供了设计方案的最接近实物的三维视图。室内设计师通常使用透视图来表达室内空间的视觉效果，这提供了一种非常有效的方式来传达方案的空间组织概况。

由于透视图结合了有关方案平面图和剖面图的信息，因此与传统的正交投影相比，透视图通常更难制作。计算机绘图软件使得制作复杂的透视图变得相对容易，而这些透视图可以提供信息丰富的演示材料，用单个图像就可以解释建筑物的组织结构。分解透视图让方案的组成部分（例如不同楼层）被分开，以更好地理解整体，而剖面透视图是现有建筑被切开，以展示内部空间。

与所有室内设计图纸类型一样，可以手绘或使用计算机软件来正式绘制透视图，然后再配合徒手绘制的演示材料。

左图

乔尔·桑德斯建筑事务所为美国纽约洛夫特尔酒店设计的这幅剖面图（2007年）成功地传达了许多关于方案中空间关系的复杂信息，同时还展示了内部氛围和个性的风格。这种类型的图纸可帮助观看者轻松理解方案。

左图

Group 8建筑实践工作组将该项目命名为"设计自己的货运工作区"，因为该方案涉及将使用过的集装箱放置在瑞士日内瓦附近的一个前工业空间内（2010年）。为方便观看整个内部透视图，设计师去掉了建筑物的屋顶和正立面。后立面的线条图使观看者能够了解屋顶结构的轮廓。阴影增强了画面的立体感。

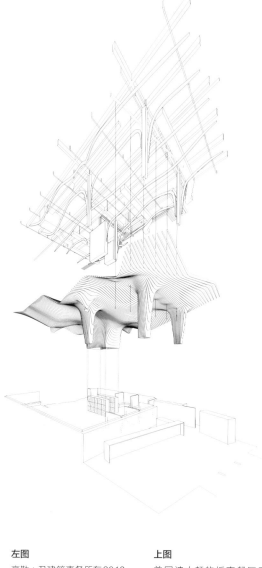

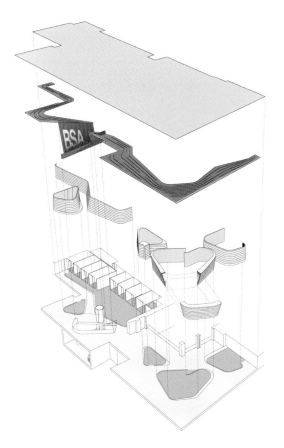

左图

豪勒＋尹建筑事务所在2013年为波士顿建筑师协会的新总部设计了该方案，其中采用了大胆的分解透视图，作为传达方案不同层次的图解方法。弯曲的隔板和折叠的楼板／楼梯元素夹在现有地板和天花板之间。

上图

美国波士顿的板克餐厅于2008年由NADAAA（原dA办事处）设计而成。其方案分为两部分，包括一个灵活的地板层（家具可以移动和重新安置）和一个固定的天花板，其中用条纹木板隐藏了服务设施，并且包覆在柱子上，呈现出"滴入"式的形态。该分解透视图通过将视线上方和下方的两个元素分开强调了这一想法（2008年）。

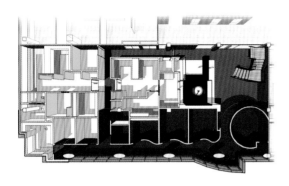

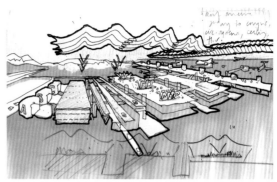

上图
NFOE 联合建筑事务所利用透视平面图来传达他们为加拿大蒙特利尔 OVO 生育诊所设计的布局方案（2009 年）。色彩和阴影投射有助于透视图清楚地解释复杂的平面图。

下图
这是乔尔·桑德斯建筑事务所于 2003 年为美国纽约查尔斯·沃辛顿发廊设计的方案，用计算机生成的透视图给出了建筑物围护结构的概览（显示了辅助设施的布置），然后抬起主发廊区域，以提供一个能传达空间品质的视图。

上图
这张手绘透视图描绘了西班牙马德里巴拉哈斯机场空间布局背后的重要概念构想，该构想由罗杰斯·史达克·哈伯建筑事务所于 2006 年设计完成。生动活泼且自信的线条促进了对复杂方案的理解。

下图
在这里，以分解透视图的形式来说明德莱昂和普里姆建筑事务所在美国肯塔基州紫杉植物园访客中心的设计中使用的"构成要素"（2010 年）。

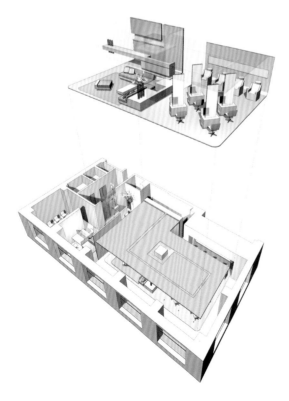

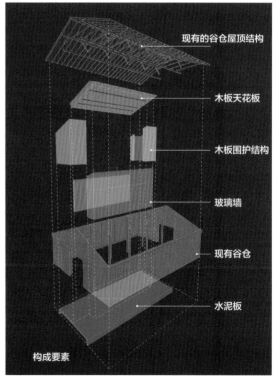

案例 表达空间概念

发廊方案 / 奥利弗·科林（英国金斯顿大学）

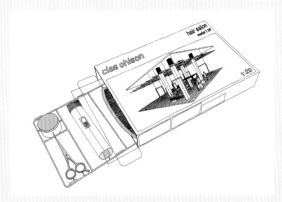

第一幅图确立了本方案的基本空间概念：现场组装的"零件套件"，并在玩具模型的包装上呈现出来。

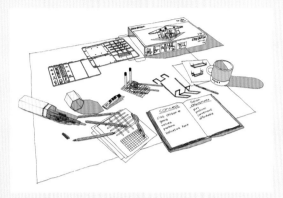

第二幅图显示了组装过程中的"零件套件"，解释了设计过程以及支撑方案的概念。设计师工作台上的绘图场景为叙事添加了俏皮感。

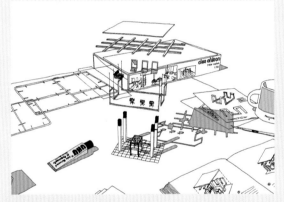

第三幅图显示了套件的各个部分组合在一起，并形成了最终的方案。在与其他元素组合在一起之前，每个元素都可以被清楚地识别出来。

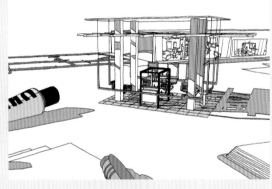

工作区的透视图显示了最终方案的"模型"。当与早期图纸一并解读时，很容易理解该设计方案的空间概念。

本项目是计划在百货商店内开设的一家小型发廊。方案是轻型线性组件的集合，尺寸由现有内部网格确定（网格本身由现有天花板、立柱和地砖的尺寸确定）。这些新组件被设计为一套预先制造的零件，可以在现场组装，并且与现有内部空间的接触降到最少。透视图清晰地传达了这一概念，并用一种连环画的方式展示了最终方案。简单的草图展示了一个循序渐进的设计过程，可以为口头表达提供有价值的支持。

手绘草图

　　手绘草图是必不可少的设计工具，它使设计师可以探索和推导想法，因此室内设计师会用它们来解决特定问题。在设计实践中，会围绕草图进行许多探讨，而这些探讨通常是与同事交流的最佳方式。一个简单有效的草图比任何丰富的语言都更能成功地传达一个想法。

　　虽然设计师很喜欢使用手绘图，但许多设计师在向客户展示作品时都会采用细致处理过的图纸。在很多情况下，草图可以成为更成功的表达工具。草图的优点是不那么正式，且更

易于实施（客户通常会喜欢徒手画的图样），但手绘图不如直尺图或计算机生成的图精确，材料表达不够清晰。这使其只在设计项目的早期阶段有效，因为方案还没有进行到细节部分，只是在宏观上提出方案。

　　在设计过程开始时，手绘图将被用来创建简单的示意图，室内设计师应该重视使用手绘图来呈现复杂方案。计算机软件或物理模型通常可以生成素材，设计师可以利用这些素材快速绘制一些手绘图。

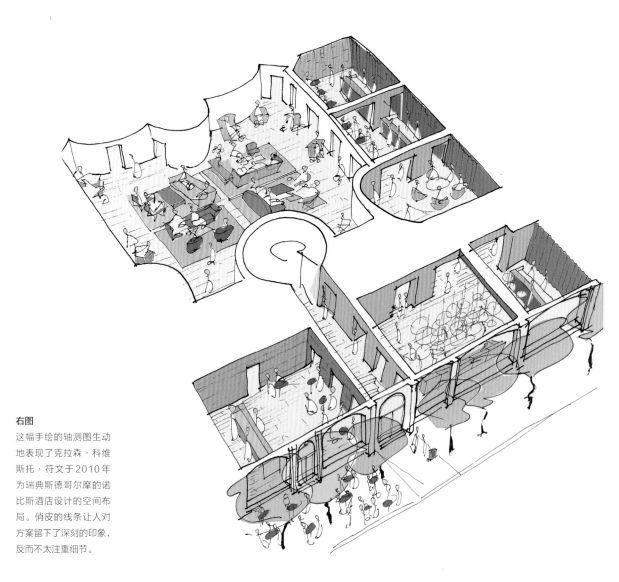

右图
这幅手绘的轴测图生动地表现了克拉森·科维斯托·符文于2010年为瑞典斯德哥尔摩的诺比斯酒店设计的空间布局。俏皮的线条让人对方案留下了深刻的印象，反而不太注重细节。

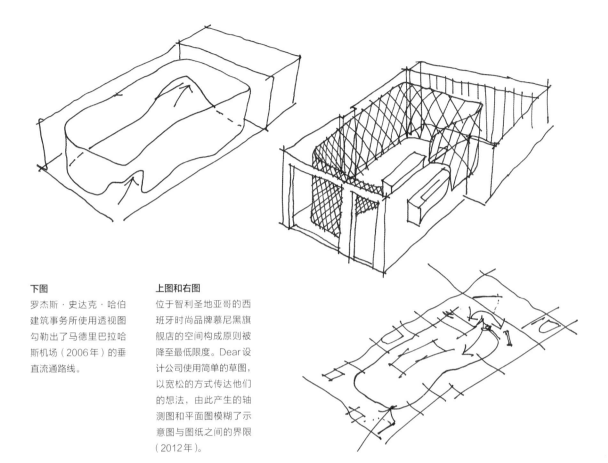

下图
罗杰斯·史达克·哈伯建筑事务所使用透视图勾勒出了马德里巴拉哈斯机场（2006年）的垂直流通路线。

上图和右图
位于智利圣地亚哥的西班牙时尚品牌慕尼黑旗舰店的空间构成原则被降至最低限度。Dear设计公司使用简单的草图，以宽松的方式传达他们的想法，由此产生的轴测图和平面图模糊了示意图与图纸之间的界限（2012年）。

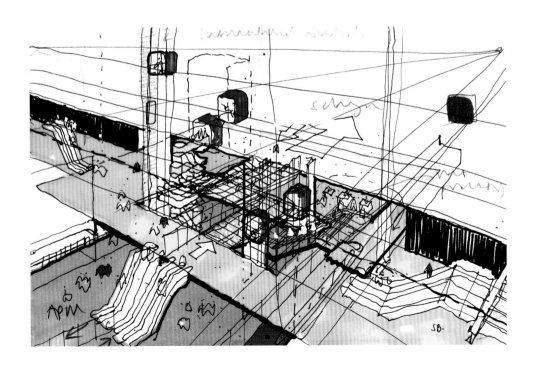

STEP BY STEP 绘制手绘图

虽然有些设计师天生就有手绘的能力，但大多数人都需要开发这项技能。以下内容可以帮助大家绘制更好的手绘图，但是获得信心的关键是练习。这是无可替代的：专业设计师每天都在画图，创作出丰富的素材，然后变得越来越有造诣，这是没有捷径可走的。

1 选择合适的材料——选择的钢笔要能够快速地画出一条线，而且选择合适的线宽是很有帮助的。纸张应轻巧且薄到足以方便描画（例如拷贝纸或草图纸）。

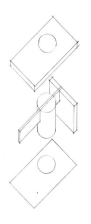 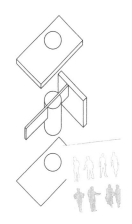

2 使用数位手绘板或计算机软件来创建手绘的"框架"，这些图形可以作为"衬底图形"。可以打印一张衬底图形，然后反复使用。

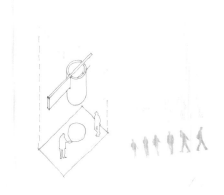

3 利用衬底图形描画出图纸。描图过程中通常要使用多个图层来完成图纸和添加更多细节。不要对图纸太过挑剔；如果一幅画出了错，那就再画一幅。可能需要很多次尝试才能把它做好。

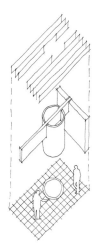 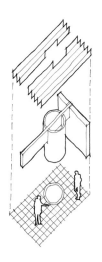

4 用最细的笔来画图，线条在拐角处可以交叉（这样可以以流畅的线条快速绘制），之后添加粗线以示强调。

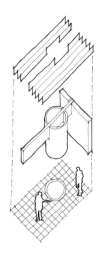 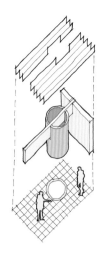

5 最终图可能是黑白的，也可以通过手绘或计算机软件添加适当的颜色。

模型

　　我们经常发现许多客户无法理解设计图纸，但理解方案模型是没有障碍的。模型的制作非常耗时（因此也较昂贵），所以在制作模型时首先要弄清是否有必要做。如果有必要的话，它将用于什么目的。设计师常常会制作出一个过于详细的模型，以至于总是会展示出比实际需要多得多的内容。如果设计师从一开始就考虑以下问题，他们将能更有效地传达自己的想法，并且可以避免制作的模型脱离现实。

　　制作模型的原因有很多：作为设计师理解和开发方案的工具，作为向同事解释方案组成的三维图或向客户展示最终方案。早期的探索性模型相当粗糙，甚至可以使用废料快速制作而成，而展示模型则可能需要数周的时间来制作，使用高质量的材料来实现精雕细琢的效果。在开始工作之前应确定模型的目的，以确保有的放矢。一旦明确了模型的目的，就可以做出以下决定：

- 应以什么比例制作模型？
- 应使用哪种材料制作模型？
- 方案中的哪些部分需要被制作出来？
- 如何查看建筑物内部以了解内部空间？
- 模型是示意性的，还是需要传达方案中使用的材料颜色和质感？

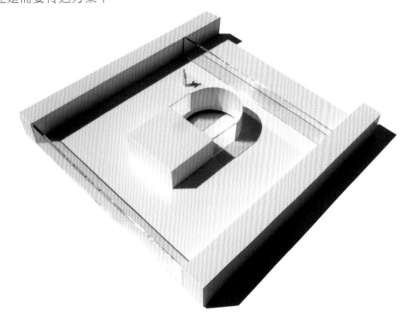

右图

一个简单的探索性模型展示了由弗兰·西尔维斯特建筑事务所于 2010 年设计的西班牙瓦伦西亚房屋结构的概念。该模型仅展示了空间组成的关键部分，以辅助交流。

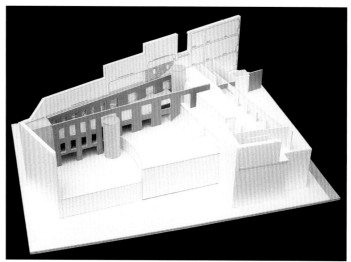

上图

在设计过程的早期，可以使用模型来探索方案的空间构成。在这里，一个关于艾滋病诊所的学生项目中探索了空心/实体、不透明/透明等不同的材料。

上图

一旦确定了项目的设计方案，就可以用图纸或模型等的形式来解释其组织原理。本学生项目的方案是在一座前电影院大楼中设计一家夜总会，并按1∶100的比例制作模型，用颜色来清楚地标示新空间组成的关键要素。现有建筑物是按场地轮廓的剖面体现的。

对于室内设计师而言，制作模型的难点是确保观看者有一个合适的视野，为此，模型往往没有天花板。但由于天花板也是内部空间的重要组成部分，因此这种方式有可能无法表达全面。相比而言，用剖面模型表达的内部空间更完善，同时还便于欣赏方案。在较大的项目中，剖面模型也可以用来解释不同体量之间的关系。

模型是表达现有场地和新内部空间之间关系的有效手段。设计人员通常会采取一些手法来区分已有内容和新的内容：有可能是对现有元素使用一种材料（或饰面），而对新元素使用另一种材料；或者可能选择使用中性色（白色、米色或灰色等）装饰现有元素，而用全彩色或一种对比材料（例如木材或丙烯酸）引入新的内部元素。

模型就像图纸一样可以用于传达设计方案的不同方面，从空间方案的概念性想法到最终模型中呈现的精确细节。为了更好地沟通，室内设计师必须知道应在何时使用哪种方法，通常，一系列越来越详细的模型将使人们不断深入地理解整个设计过程。

下图
2011年的古斗牛场项目将巴塞罗那的一个斗牛场改造成了一座现代休闲娱乐综合体。这个剖面模型经过了仔细考虑，以传达罗杰斯·史达克·哈伯建筑事务所设计的新结构与现有建筑物之间的关系，显示了它是如何作为一个独立于墙体的插入物，同时又重新定义了原始竞技场的圆形平面。

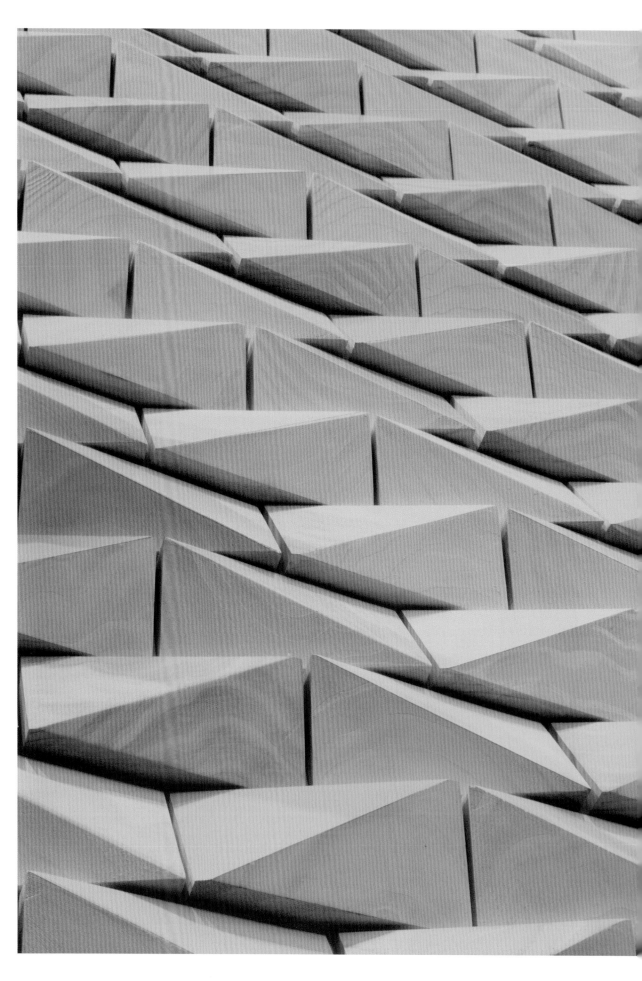

第 10 章
下一步是什么

引言

虽然室内方案的空间组织是设计过程的一个主要方面，但它只是项目从开始到完成过程中的一部分。室内设计很少是简单的线性过程，每个项目的实现过程都略有不同。具体过程取决于项目的规模和复杂性、设计者的方法以及其他外部因素，例如项目周期和预算。尽管设计实践会采用不同的方式处理项目，但通常会确定设计过程的关键节点，为自己和客户阐明其方法。室内设计项目通常包括以下阶段：

- 调研；
- 设计概念；
- 设计开发；
- 细部设计；
- 实施。

建筑项目通常以当地专业法律规定等更为正式的方式予以系统化。在英国，英国皇家建筑师协会（以下简称"RIBA"）负有这一责任。2013年，RIBA建议将其工作计划（最初于1963年引入）简化为以下阶段：

- 准备；
- 概念设计；
- 开发设计；
- 技术设计；
- 专业设计；
- 施工；
- 使用和后期服务。

与大多数室内设计工作相比，建筑项目的规模和范围更大且更复杂，因此这些项目需要一个更明确的过程。但是，商业化的室内设计公司不受监管的做法与受监管的建筑专业之间明显存在相似之处。无论是在建筑环境还是室内设计环境中开发项目，空间组织或空间规划方面的工作都会围绕设计概念和设计开发两个阶段进行。接下来的工作将包括：

- 详细规划的制定；
- 方案要素的细部设计；
- 材料和饰面的考虑；
- 家具和设备的规格。

下图

金纳斯利·肯特设计是一家国际设计事务所，在伦敦和迪拜设有办事处，专门从事零售和休闲空间设计。本示意图说明了实践中采用的设计过程的五个阶段：调研、设计概念、设计开发、细部设计和实施。方案的空间组织通常发生在该过程的第二和第三阶段。

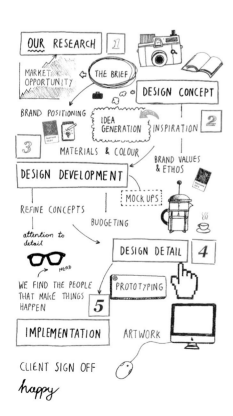

详细规划

　　方案的空间组织形成了详细规划的框架：一旦确定了框架，就可以通过推进一些细节来充实方案。这将涉及确定每个空间中会进行哪些活动并满足其需求，室内设计师将考虑元素的精确布置、形式和大小，以及它们的材质、颜色和纹理。这项工作通常是在不断增加的比例（1：20 或更大的规模）中进行。并且随着对方案的更多了解，在此阶段做出的决策可能会促使对一些较早的规划决策重新评估，并为未来的细部设计工作提供参考。

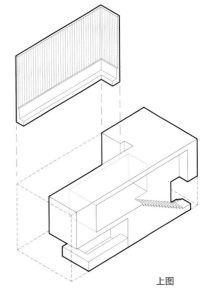

上图
这幅轴测图显示了 2008 年由 NC 办事处设计的美国迈阿密一家酒店式咖啡厅的空间布局。在这个阶段，已经确定了必要的空间，但尚未详细说明。

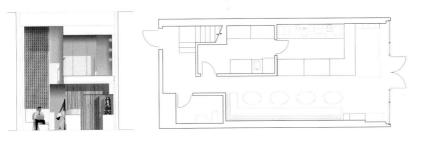

左图及最左图
对平面图和剖面图进行了更详细的制作，从而确定了楼梯、入口、家具布局和厕所的具体规划。其中包括有关柜台单元和墙面覆盖层模块的尺寸信息，而这些信息将为此后的细部设计工作提供帮助。

左图
乔尔·桑德斯建筑事务所在 2007 年为美国纽约洛夫特尔设计的方案中提出了一种体现 Loft 户型生活精髓的酒店。在如此庞大而复杂的项目中，空间组织关乎每个房间的大小、形状和位置，而过程的下一阶段则涉及每个特定空间详细规划的开发。在这种情况下，设计师开发了一系列模块来满足精确的功能要求，例如座位区、睡眠区、洗涤区和收纳区。从小型工作室到豪华套房，这些模块可以按各种需要配置以适合每种情况下的大小和形状。

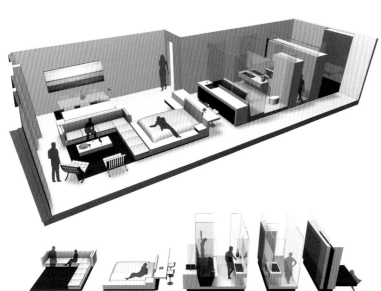

STEP BY STEP 设计的过程

　　伦敦金纳斯利·肯特设计事务所专注于零售和休闲空间领域，采用五个阶段的设计流程来制定室内设计方案。在此，以阿布扎比一家百货公司的项目为例，介绍这项工作的不同阶段。

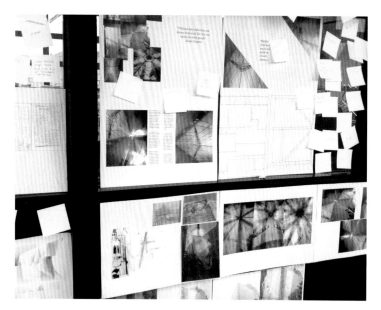

1 **调研：** 大多数项目开始于一段时间的调研。这项工作的性质将取决于具体项目，但可能涉及对客户、建筑方案和场地的理解。室内设计师需进行先例研究，以了解其他人如何应对类似情况。

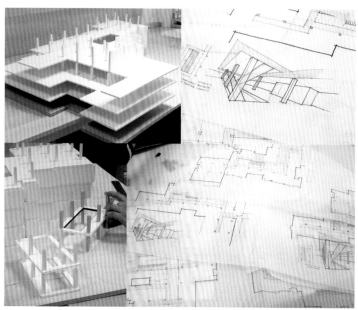

2 **设计概念：** 所进行的初步调研将使设计师对当前问题有所了解，并形成推动该方案前进的宏伟构想。由此，可以开发空间策略的架构。

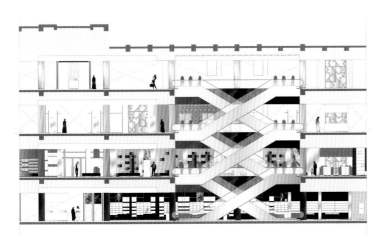

3 设计开发：在设计概念阶段制定的策略将会更加详细，随着具体问题的解决和特定领域（如垂直流通）原则的解决，方案将会变得更加真实。在这一阶段，空间规划将被确定好。

4 细部设计：确定元素的确切尺寸和形式，并对材料、饰面以及固定装置和配件的规格制定策略。设计师可以制作样品和模型，并且可以准备完整的工作图纸，以便承包商进行成本估算和施工。

5 实施：将向承包商提供详细设计信息，由其估算施工成本。经客户批准，可以开始批量定制和现场施工。

细部设计

当空间组织已经发展成一个平面图，开始解决方案的精确功能要求时，就可以对该项目进行细部设计了。在实际过程中存在将细部设计的开发与施工图混淆的风险。施工图很有必要（以向承包商或制造商展示如何构造内部空间），但重要的是方案的详细制定。只有在设计、开发和解决了方案的细部之后，才需要将这项工作转换为施工图纸。

在进行细部设计时，早期阶段推动项目发展的概念性想法，将继续在方案的确定上发挥作用。而后是更全面地考虑有关材料和饰面的问题。

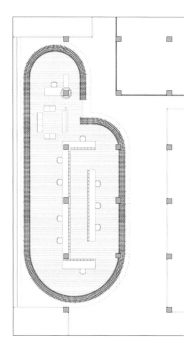

本页

2012年，Zemberek设计在土耳其伊斯坦布尔的一家纺织公司内设计了一个新展厅。在平面上，该空间由弯曲的墙壁勾勒出来，然后发展成由金属立柱和用数控机床切割的胶合板制成的异形隔断。完工后的墙壁成为一个空间分隔，既可以看到展厅，又可以提供服装的展示栏杆——垂直板条的形式也让人联想到衣架的形状。

最左图及左图

form-ula 于2012 年在美国纽约设计了寿司梗餐厅。通过完善的细节设计，将图案和纹理引入到方案中，为简单的内部空间赋予了生命。在备餐区后面的装饰墙上覆盖着800 块切割而成的松木，这些松木经过粉刷、浸泡，最终呈现出白色和粉色的光泽。用设计师的话来说，产生了一种"腐蚀性的微光效果，很像海上的晨光"。另一方面，墙的纹理很像鱼鳞，非常适合用在寿司餐厅。

最左图

1988 年，斯坦顿·威廉姆斯在英国伦敦为三宅一生设计了一家女装门店，给零售空间的细部设计树立了一个基准。从手工制作的意大利玛莫瑞涂料（一种发光并且高反光的大理石粉末和石膏混合物），到喷砂或打蜡的波特兰石，再到橡木和枫木配件，自然材料的色调被巧妙地结合到一起。细部元素之间的相互连接与交织呼应了主要空间的组织方式——空间和细节之间的关系是连续的。

左图

栏杆装配图有助于理解该项目的细节组成。一旦完成了细部设计，就可以通过绘制施工图纸来实现设计的创意。

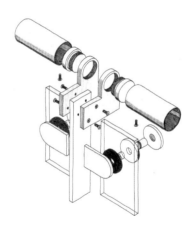

参考文献

[1]Anderson R. The Great Court and the British Museum[M]. London:The British Museum Press, 2000.

[2]Brooker G. Key Interiors Since 1900[M]. London:Laurence King, 2013.

[3]Brooker G, Stone S. Re-readings: Interior Architecture and the Design Principles of Remodelling Existing Buildings[M].London:RIBA Publishing, 2004.

[4]Brooker G, Stone S. Form & Structure[M]. Lausanne:AVA, 2007.

[5]Brooker G, Stone S. What is Interior Design?[M]. Hove:Rotovision, 2010.

[6]Brooker G, Stone S. Elements / Objects[M]. Lausanne:AVA, 2010.

[7]Campanario G. The Art of Urban Sketching[M]. Beverly: Quarry Books, 2012.

[8]Carter P. Mies van der Rohe at Work[M]. London:Phaidon, 1999.

[9]Ching F. Architecture: Form, Space and Order[M]. New York:Van Nostrand Reinhold, 2007, 3rd ed.

[10]Coles J, House N. The Fundamentals of Interior Architecture[M]. Lausanne:AVA, 2007.

[11]Davies C. Key Houses of the Twentieth Century: Plans sections and Elevations[M]. London:Laurence King, 2006.

[12]Dunn N. Architectural Modelmaking[M]. London:Laurence King, 2010.

[13]Elam K. Geometry of Design[M]. New York:Princeton Architectural Press, 2001.

[14]Farrelly L. Representational Techniques [M]. Lausanne:AVA, 2008.

[15]Frampton K. Modern Architecture: A Critical History[M]. London:Thames & Hudson, 1992, 3rd ed.

[16]Frampton K. Le Corbusier: Architect of the Twentieth Century[M]. New York:Harry N. Abrams, Inc., 2002.

[17]Frampton K, Larkin D. American Masterworks: The Twentieth Century House[M]. London: Thames & Hudson, 2002.

[18]Hannah G. Elements of Design: Rowena Reed Kostellow and the Structure of Visual Relationships[M]. New York:Princeton Architectural Press, 2002.

[19]Hopkins O. Reading Architecture: A Visual Lexicon[M]. London: Laurence King,2012.

[20]Hudson J. Interior Architecture: From Brief to Build[M]. London: Laurence King, 2010.

[21]Lambert P. Building Seagram[M]. New Haven and London:Yale University Press, 2013.

[22]Laseau P. Graphic Thinking for Architects and Designers[M]. Chichester: John Wiley & Sons, 2001.

[23]Leborg C. Visual Grammar[M]. New York: Princeton Architectural Press, 2006.

[24]Lidwell W, Holden K, Butler J. Gloucester & Rockport: Universal Principles of Design, 2003.

[25]Littlefield D. Lewis S. Architectural Voices: Listening to Old Buildings[M]. Chichester: John Wiley & Sons, 2007.

[26]McCandless D. Information is Beautiful[M]. London:William Collins, 2012.

[27]Moryades A, Morris A. John Pawson: Themes and Projects[M]. London:Phaidon, 2002.

[28]O' Kelly E, Dean C. Conversions[M]. London: Laurence King,2007.

[29]Panero J, Zelnik M. Human Dimension and Interior Space[M]. New York: Whitney, 1979.

[30]Pile J. A History of Interior Design[M]. London: Laurence King, 2000.

[31]Plunkett D. Drawing for Interior Design[M]. London: Laurence King, 2009.

[32]Schittich C. Building in Existing Fabric: Refurbishment, Extension, New Design[M]. Basel: Birkhauser, 2004.

[33]Schittich C. Exhibitions and Displays[M]. Basel: Birkhauser, 2009.

[34]Schittich C. Work Environments[M]. Basel: Birkhauser, 2011.

[35]Schittich C. Interior Space[M]. Basel: Birkhauser, 2000.

[36]Schittich C. Interior Spaces: Space Light Materials[M]. Basel: Birkhauser, 2002.

[37]Scott F. On Altering Architecture[M]. London & New York: Routledge, 2008.

[38]Spankie R. Drawing out the Interior[M]. Lausanne: AVA, 2009.

[39]Stanton A, Williams P. Stanton Williams: Volume[M]. London: Black Dog Publishing Ltd, 2009.

[40]Sudjic D. John Pawson: Works[M]. London: Phaidon, 2000.

[41]Sutherland M. Modelmaking: A Basic Guide[M]. New York: W. W. Norton & Co., 1999.

图片出处说明

在本书中，T代表顶图，B代表底图，C代表中图，L代表左图，R代表右图。

未列出的图片均由作者提供。

i Matt Smith, Nottingham Trent University; iiT FLC/ADAGP, Paris and DACS, London 2014; iiB DACS 2014, courtesy Museum of Modern Art (MoMA), New York, Photo SCALA, Florence; iiiT DACS 2014, courtesy Museum of Modern Art (MoMA), New York, Photo SCALA, Florence; iiiBL DACS 2014; iiiBR Courtesy of Selldorf Architects; vi Courtesy Estudio Nômada, Photography by Héctor Santos-Díes/BIS Images;2–3B Courtesy group8 photograph © Régis Golay, FEDERAL Studio, Geneva; 3TL Archiplan Studio, Architects: Diego Cisi and Stefano Gorni Siluestrini; Photographer: Martina Mambrin; 3TR Courtesy Casper Mueller Kneer Architects; 4–5 Courtesy HUA Li / TAO (Trace Architecture Office), Design Team: HUA Li, Guo Pengyu, Zhu Zhiyuan, Jiang Nan, Li Guofa; Photographer: Shu He; 6 Courtesy Jump Studios, Photographer: Gareth Gardner;7TL Apple Inc; 7CL 1000Words/Shutterstock; 7CR plo 3/ Shutterstock; 7B US Patent and Trademark Office; 8TL, TC, TR By permission of DAKS Simpson Group PLC; 8B Alex Nevedomskis, Kingston University, London; 9T Courtesy Kolchi Takada Architects; 9BL, 9BR Courtesy Andrés Remy Arquitectos, design team and construction management: Guido Piaggio, Lilian Kandus; collaborators: Martin Dellatorre, Diego Siddi; photo: Alejandro Peral; 10T Courtesy Integrated Field Co., Ltd., Photography Ketsiree Wongwan; 10C, B Courtesy Estudio Nômada, Photography by Héctor Santos-Díes/BIS Images; 11 form-ula, Photography by Amy Barkow | Barkow Photo www.barkowphoto.com; 12 courtesy Fondazione Bisazza, Vicenza; 14T © DACS 2014, courtesy Museum of Modern Art (MoMA), New York, © Photo SCALA, Florence; 14C, B Courtesy Rogers Stirk Harbour + Partners, Photographer: Eamonn O'Mahony; 15T © Richard Bryant; 15B © Norman Foster; 16TL © Ian Higgins; 16TR © Nigel Young / Foster + Partners; 16B Steve Greaves, www.stevegreaves.com; 17TL Collection Het Nieuwe Instituut, Rotterdam. Archive code DOES, inv nr 001; 17TR Stefan Zwicky; 17B i19 interior architects; 18B M Highsmith's America, Library of Congress, Prints and Photographs Division; 19T courtesy Fondazione Bisazza, Vicenza; 19B Courtesy Vector Architects, photo: Shu He; 20L Christian Kerber/laif; 20R Konstantin Grcic Industrial Design; 21T © Norman Foster; 21B with kind permission of the Natural History Museum, London and Imagination; 22T Courtesy Ikea UK & Ireland; 22B Courtesy JPD Total Retail Solutions, concept www.tiger-stores.com; visualizations, shop layout, furniture: www.jpd.lv; 23L Photographer Robert Damora © Damora Archive; 23R Yale University Art Gallery, New Haven (CT) © Photo SCALA, Florence; 24 Gareth Payne, Nottingham Trent University; 26 © 6a Architects; 27L Gualtiero Boffi/ Shutterstock; 27R Tatjana Jakowicka, Kingston University, London; 28 Dan Brunn Architecture, Photography: Brandon Shigeta and Dan Brunn; 29T Vladimir Radutny and Paul Tebben of SIDE architecture; 29BL, BR Wells Architects, design principal: Andrew Wells, FAIA, project architect: Mark Wheeler, AIA; photography Gayle Babcock, Architectural Imageworks, LLC; 30 Gareth Payne, Nottingham Trent University; 31 x architekten; 32T Stephen Crawley, Nottingham Trent University; 32B Courtesy Hania Stambuk; 33 group8, photograph © Régis Golay, FEDERAL Studio, Geneva; 34T h10 architectes; 34B ///byn; 35TL, TR, BR Courtesy Stanley Saitowitz | Natoma Architects Inc.; 35BL TAGSTOCK1/Shutterstock; 36 i19 interior architects; 40L Courtesy Coussée & Goris; 40R © Ian Higgins; 41T Groosman Partners; 41B Image courtesy of Brooks + Scarpa Architects; 42 RUFproject & Nike Global Football Brand Design, photographer: Julian Abrams; 43 i19 interior architects; 44 The Architectural Archives, University of Pennsylvania, by the gift of Robert Venturi and Denise Scott Brown; 45 © Nigel Young / Foster + Partners; 49T Crown Limited, courtesy of Bates Smart Architects; 49B Virgin Atlantic Airlines in-house design team in collaboration with Pengelly Design; Nik Lusardi, lead designer of Virgin Atlantic's New Upper Class Suite, VAA; photo taken by Chris Lane; 50TL Playtime dir. Jacques Tati © Rex Features Ltd; 50R Kaory Tomozawa, Kohei Nashiguchi / Nikken Space Design Ltd.; 50BL Eva Jiricna Architects Limited & A.I. Design s.r.o., Photo: Richard Davies; 51 courtesy Imagination; 52 Lam-Watson, O. (2013). Villa La Rotunda Ground Floor Plan, Palladian Revival, Architectural Portfolio; Level One.; 53T courtesy PearsonLloyd, Project design: Tom Lloyd, Luke Parson, Sandra Chung, Tomohiko Sato, Marc Sapetti; 53B courtesy Gwenael Nicolas, Curiosity; 55BR courtesy RaichdelRio, estudi d'arquitectura; 56TL © Ian Higgins; 56TR Carlos Caetano/Shutterstock; 56CR, BR Courtesy Zecc architects, photography by 'Jaroslaw', info@JRimageworks.com; 57TL, 57TR © Groves Natcheva Architects Ltd; 57B Akitoishii/ Wikipedia; 58T Margherita Spiluttini; 58C Architekt Krischanitz; 58B courtesy Kunsthalle Wien. Photo: Gerhard Koller; 60T, C Courtesy Phi Design and Architecture, architect: Bill MacMahon, interior architect: Rebecca Cavanagh, photographer: Eric Sierins; 60BL, BR © Ian Higgins; 61 courtesy Architekt Krischanitz ZT GmbH, photos: Lukas Roth; 62 Russell & George, photography by Diana Snape - www.dianasnape.co.au; 63T Bates Smart, photography by Martin van der Wal; 63BL, BR Courtesy Alex Cochrane, photography © Andrew Meredith; 64–65 Ippolito Fleitz Group GmbH, photography: Zooey Braun; 66–67 Collaboration between NC Design & Architecture Ltd (NCDA) and Laboratory for Explorative Architecture & Design Ltd (LEAD), photography: Dennis Lo Designs Ltd; 68 Courtesy Blacksheep, photography: Francesca Yorke; 70 Studio SKLIM; 71TL,TR Courtesy Blacksheep, photography: Francesca Yorke; 71B Courtesy YO! Sushi, photography: Paul Winch-Furness; 72TL,TR Ippolito Fleitz Group GmbH, photography: Zooey Braun; 72B Joyce Lai/flickr; 78–79 William Russell, Pentagram Design; 82, 83 Spacesmith, LLP; 84B, 85 courtesy B Mes R 19 Arquitectes SLP, direction: Xavier F Rodriguez i

致谢

本书中的很多内容来自本人25年教学的成果，在此必须感谢我在诺丁汉特伦特大学、伍尔弗汉普顿大学、金斯顿大学和皇家艺术学院与之合作过的数百名学生。所有这些学生，无论其能力如何，都为我对这门学科的理解做出了贡献。尤其是与1993、1995、1996、1997、1999、2000、2002及2007届班级同学的努力分不开，在此向你们表示诚挚的谢意！

在我的教学生涯之初，颇感有幸能与彼得·维克斯共事。感谢他就这门课与我进行的长时间沟通，感谢他对于矛盾的敏感性，他是我有史以来最好的老师。

在项目开始之前，我不了解要为出版物收集图片的复杂性，居然可以找到400多张图片并获得许可。非常感谢图片研究人员詹姆斯·霍尔丹和朱利亚·赫瑟灵顿做出的所有努力。

在本书起笔伊始的很长一段时间内，出版团队给予了我格外的耐心，故在此由衷感谢菲利普·库珀、利兹·法伯、萨拉·戈德史密斯以及金·辛克莱尔。

最后，感谢吉尔和巴尼！如果没有他们的支持，就不可能完成这本书。